Lavoisier

n° 1043 — Extrait des registres de trésorerie 1791. 17 f

Extrait des Registres de l'Académie Royale des Sciences

Du 17. Décembre 1791.

Le Comité de Trésorerie assemblé le 14 X^bre 1791 et assisté du plus ancien Membre présent de chaque classe, a arrêté unanimement, après une délibération préliminaire, que l'Académie entière seroit invitée à émettre son vœu au Scrutin, à la majorité absolue, pour faire le choix d'un Académicien à présenter au Roi, pour remplacer Mr Tillet dans les fonctions de Trésorier.

L'académie a adopté à l'unanimité le contenu de cette délibération.

Le Comité avait proposé d'ajourner à Mercredy l'émission du vœu que l'académie doit énoncer; on a demandé que ce fut aujourd'hui, attendu le peu de tems d'ici aux vacances. Cet objet ayant été mis à la discussion, on a été aux voix pour savoir si l'académie prendrait une délibération aujourd'hui à cet égard, ou si elle serait ajournée à Mercredi. La grande pluralité a été pour y procéder sur le champ au Scrutin. Toute l'Académie délibérante, Mr Thouin étant évangéliste, Mr Lavoisier a réuni la majorité absolue des suffrages.

M.^r Le Secrétaire a été chargé de faire part de cette délibération au Ministre de l'intérieur, pour qu'il veuille bien présenter au Roi le vœu de l'Académie en faveur de Mr Lavoisier pour remplacer Mr Tillet, dans les fonctions de Trésorier.

Jeaurat directeur — D'arcet vice Directeur — Laplace — [illegible] trésorier — De Jussieu

Du 11. Janvier 1792.

L'Académie après avoir entendu le rapport de son Comité de Trésorerie, auquel se sont réunis les anciens de chaque classe et en avoir délibéré au suffrage de toute l'Académie, a arrêté:

1° Qu'à l'égard de 1791, le calcul de répartition des jettons aura lieu dans la forme ordinaire et d'après l'arrêté des feuilles de présence qui se signent à chaque séance, mais qu'au lieu de jettons en nature, il sera remis à chacun des membres leur valeur en Assignats, sur le pied de 37 sols 3 deniers par jetton.

2° Que pour 1792 la somme représentative des jettons sera fixée pour chaque séance à 160^ll en assignats, laquelle sera partagée également entre les membres présens.

3° Que le décompte des sommes revenant à chacun des Académiciens sera fait deux fois l'année; savoir de la rentrée de la St Martin aux vacances de Pâques, et de la rentrée de Pâques aux grandes vacances, et que la somme sera remise à chacun en Assignats.

4° Que les présentes dispositions ne dureront que jusqu'à l'époque où le marc d'argent cessera d'être au dessus de 57^ll 15^s et qu'alors il sera pourvu au rétablissement de l'usage des jettons.

Jeaurat directeur — D'arcet vice directeur — Laplace — [illegible] trésorier — De Jussieu

Du 21 Janvier 1792.

Le Comité de Trésorerie de l'Académie des Sciences ayant convoqué à sa séance de ce jour les anciens de chacune des classes de l'Académie, à l'effet de présenter au Ministre de l'intérieur deux Académiciens pour succéder aux deux pensions de 500ᵗ vacantes, l'une par la promotion de Mʳ de la Marck à une pension de 1200ᵗ l'autre par le décès de Mʳ Charles, après avoir apprécié les titres des Académiciens associés qui sont dans le cas de prétendre à des pensions, soit en raison de leur ancienneté, soit relativement aux services qu'ils ont rendus dans la carrière des sciences, soit enfin en considération de leur fortune et des pertes qu'ils ont éprouvées; Le Comité est unanimement convenu que le choix ne pouvait tomber que sur Mʳ Tessier associé depuis 1783 dans la classe d'histoire naturelle et sur Mʳ de Fourcroy associé depuis 1785 dans celle de chimie. En conséquence il a été arrêté que le Trésorier se retirerait par devers le ministre de l'intérieur pour lui faire part du vœu de l'Académie et pour le prier d'en solliciter la confirmation auprès du Roi: comme aussi d'approuver que l'arriéré de ces deux pensions soit partagé par portions égales entre M.M. Tessier et Fourcroy.

Au Comité de Trésorerie de l'Académie des Sciences assemblé au Louvre Ce 21 Janvier 1792. Jeaurat directeur

Darcet [illegible]

Lavoisier trésorier — Desfontaines — Laplace

Du 24 Mars 1792.

Sur ce qu'il a été représenté par Mʳ de la place, que Mʳ De Lambre avait besoin d'un quart de cercle pour suivre les travaux astronomiques qu'il a commencés, le Comité a jugé qu'il était de son devoir de seconder le zèle de Mʳ de Lambre et il a arrêté que cet instrument serait incessamment commandé à Mʳ Le Noir dans les dimensions qui seraient jugées les plus convenables pour les observations que Mʳ de Lambre se propose de faire et en y adaptant toutes les commodités possibles. Le Comité a désiré que Mʳ de Lambre se concertât pour l'exécution, avec M.M. de Borda, Mechain et Laplace et que la dépense n'excédant pas 6000ᵗ.

Il a été arrêté ensuite d'accorder à Mʳ de la Lande une lunette méridienne achromatique, qu'il demande depuis longtemps et de l'autoriser à employer à cet objet jusqu'à concurrence de 1800ᵗ. La lunette sera travaillée par M.M. Rebours et Carrochez et la monture faite par Mʳ Le Noir.

Il a été pareillement arrêté d'accorder à Mʳ de Lambre une lunette achromatique de 1,200ᵗ.

Sur ce que Mʳ de Borda a représenté qu'il était d'une extrême importance de publier aussitôt qu'il serait possible, des tables des sinus correspondants à la division décimale du cercle, qu'il avait fait les avances nécessaires pour payer les calculateurs et que le travail était fort avancé; qu'il était temps de s'occuper de l'impression, mais qu'il était difficile de supposer qu'aucun Imprimeur ou libraire voulut se charger de cette entreprise, s'il ne lui était fourni des secours: le Comité a pensé que des tables des sinus étant un véritable instrument nécessaire à tous ceux qui s'occupent de calculs, soit pour l'astronomie, soit pour la Marine ou pour les usages de la société, l'académie ne pouvait faire un usage plus utile des fonds qu'elle a en réserve, et il a arrêté de destiner à cet objet jusqu'à la concurrence de 12000.# laquelle somme sera employée à mesure du besoin, soit à payer les calculateurs, soit à faciliter et hâter l'impression et la publication.

Au Louvre, au Comité de Trésorerie le 21 Mars 1792.

Jeaurat directeur Darcet vice directeur Laplace Dejussieu Sannier trésorier

Du 7. Mars 1792.

Mr. Lavoisier a instruit l'académie que Mr. Gerlach, professeur de philosophie à Vienne en Autriche, qui avait partagé l'année dernière un des prix proclamés à la séance publique de Pâques, paraissait désirer que la moitié lui fut payée en espèces. Mr. Lavoisier a ajouté que l'état où se trouvaient les fonds de l'académie, permettait de satisfaire au désir de Mr. Gerlach et qu'il lui paraissait qu'on devait cet égard à un étranger, qui d'ailleurs par cette qualité même, se trouvait nécessairement exposé aux pertes occasionnées par le change. Cette affaire a été traitée d'abord pendant quelques moments a été ensuite renvoyée au Comité de Trésorerie, qui après avoir formé son avis, doit en faire le rapport à l'académie.

Jeaurat directeur Darcet vice directeur Laplace Dejussieu Sannier trésorier

Du 17. Mars 1792.

Mr. Lavoisier après avoir représenté la position où se trouvait Mr. Le Monnier a proposé de lui avancer sur les fonds de l'Académie les 500.# dont il a toujours joui pour le loyer d'un Observatoire dans lequel sont placés des instrumens appartenans à l'Académie. Accordé, à condition de remboursement, lorsque Mr. Le Monnier aura obtenu de l'assemblée nationale le rétablissement de cette somme.

Jeaurat directeur Darcet vice directeur Laplace Dejussieu Sannier trésorier

Du 30 Mars 1792.

Mr. Lavoisier a représenté qu'il lui paraissait convenable de témoigner à Mr. Deschesnes combien l'Académie des Sciences était sensible aux services qu'il lui avait rendus relativement à la levée des scellés apposés sur les effets de Mr. Tillet et à la comptabilité de ses héritiers. On est convenu que le Secrétaire écrirait à Mr. Deschesnes au nom de l'académie pour lui exprimer la reconnaissance de la Compagnie et que Mr. le Trésorier lui remettrait une bourse de Cent jetons.

Jeaurat directeur Darcet vice directeur Laplace Sannier trésorier Dejussieu

Du 12 Mai 1792.

Mr. Desfontaines a présenté au Comité un Mémoire par lequel il demande un secours de 5 à 6000.# pour faire graver environ 100 planches destinées à représenter des plantes nouvelles choisies entre celles qu'il a rapportées de son voyage d'Afrique.

Le Comité considérant que l'académie a déja fait des dépenses considérables pour le voyage de Mr. Desfontaines et que l'objet en serait manqué, si le public n'était pas mis à portée de jouir du fruit de ses travaux, a arrêté d'accorder à Mr. Desfontaines une somme de 6000.# en l'invitant à accélérer autant qu'il serait possible la publication de son ouvrage, sous l'offre qu'il a faite de le faire imprimer à ses frais.

Au Comité ce 12 Mai 1792.

Jeaurat directeur D'arcet vice directeur Laplace Dionis trésorier
Dejussieu

Du 21. Juillet 1792.

Sur ce que M.M. les Commissaires nommés par l'Académie pour répéter les expériences sur l'électricité animale, ont représenté au Comité de trésorerie qu'il était important que Mr. Vally voulut bien suivre ces expériences avec eux, mais qu'en même tems il paraissait juste d'indemniser Mr. Vally des frais extraordinaires que lui occasionnerait la prolongation de son séjour à Paris, le Comité de trésorerie a autorisé le trésorier à délivrer à Mr. Vally sur sa quittance, une somme de six cens livres et à rembourser aux Commissaires chargés de répéter les expériences, le prix des appareils et les autres frais qu'ils justifieront avoir faits.

Enfin sur ce qu'il a été représenté que le Comité de trésorerie avait accordé, il y a quelques mois une somme de Douze cens livres pour répéter les expériences sur la combustion du Diamant dans l'air vital, mais qu'on avait omis d'en faire mention dans la délibération qui avait été prise alors, le Comité en a renouvellé l'autorisation.

Au Comité de trésorerie le 21 Juillet 1792

Jeaurat directeur D'arcet vice directeur Laplace
Dejussieu Dionis trésorier

Du 1er. 7bre. 1792.

Mr. Delalande demande que sur les fonds de l'Académie, il lui soit permis de faire faire un cercle entier de 18 pouces de la valeur de Trois mille livres. Accordé.

Mr. Jeaurat demande que sur les mêmes fonds, il lui soit permis de faire construire une lunette à double image qu'il a nommée Diplantidienne et dont il a donné la description dans les mémoires de l'Académie. Mr. Jeaurat est autorisé à employer jusqu'à la concurrence de Douze cens livres.

Mr. Lavoisier expose que Mr. Charles est mort à la fin du mois d'août 1791, qu'il lui était dû à cette époque une somme de 83.^lt 6.^s 8.^d pour les deux mois de la petite pension de 500.^lt dont il jouissait, les six premiers mois lui ayant été payés par Mr Tillet; que Mr Barrut réclame cette somme au nom de la succession.

Que d'un autre côté M.M. de Fourcroy et Tessier ont été payés par erreur de cette même pension, à compter du 1.er juillet 1791. Sur quoi Mr Lavoisier a demandé 1.° si le trésorier serait rendu responsable de cette erreur et si les 83.^lt 6.^s 8.^d payés de trop seraient à sa charge;

2.° s'il les ferait rendre à MM. de Fourcroy et Tessier.

Sur quoi le Comité ayant délibéré, arrête que la somme de 83.^lt 6.^s 8.^d serait payée sur les fonds libres de l'Académie et que le rapport n'en serait pas demandé à MM. Tessier et Fourcroy.

Au Comité le premier septembre 1792. Jeaurat directeur Darcet
Dessaulx Laplace
Lavoisier trésorier

Du 5. 7bre 1792.

Le Comité de Trésorerie ayant été extraordinairement convoqué à la suite de la séance de l'Académie, Mr Lavoisier lui a rendu le compte suivant de la trésorerie de l'Académie.

Suivant le journal de l'académie, la recette faite par Mr Lavoisier depuis le commencement de sa gestion, monte à la somme de	191,225..12..9
La dépense à celle de	98,803..5..6
	92,422..7..3.

D'après le dépouillement des différens comptes ouverts sur le registre, ce restant définitif et général est composé des restes particuliers ci après; savoir:

Au compte du grand prix	12,996....
Au compte du prix fondé par un inconnu	4,655....
Au compte du prix sur les maladies des artistes	5412..19..8.
Au compte du prix sur le perfectionnement des arts mécaniques	3,252..19..8.
Au compte du prix fondé par Mr de Montigny	6,923..7..4.
Au compte du prix fondé par M.^r l'abbé Raynal	2400....
Au compte du prix fondé par l'assemblée N.^le	......
Au compte du prix de Mr Windisch gratz	1200....
Au compte du prix de Physique	9000....
Au compte des expériences	42,866..11..6.
Au compte de l'ordonnance de 41,700.^lt	10,557....6.
Au compte du motet de la St Louis	1561....
Au compte des dépôts	187..5..4.
	101,012..4..

(Avances à déduire.)

A M.^r Le Monnier sur sa pension de 1792	1500....	8,596..19..9.
Au compte des jetons	3093....6.	
Sur les dépenses courantes	3,083..19..3.	
A la Connaissance des tems	920....	
		92,415..4..3.

Compte particulier des poids & mesures

La Recette faite par le Trésorier pour ce Compte est de	100,000 .. .. ..
La dépense d'après le relevé du Registre de	91,426 .. 3 .. 6.
Partant reste en Caisse	8,573 .. 16 .. 6.

Récapitulation générale du restant en Caisse

Aux Différens Comptes de l'académie	92,415 .. 4 .. 3.
Au Compte des Poids et mesures	8,573 .. 16 .. 6
	100,989 .. .. 9.

M. Lavoisier ayant désiré que l'existence de ces fonds fut constatée et qu'il en fut fait mention sur le Registre des Délibérations, le Comité s'est transporté dans le lieu où est la Caisse de l'Académie, et ladite Caisse ayant été ouverte, il s'y est trouvé

En especes d'Or et d'argent	42000^{lt} .. ..
En assignats de différentes sommes	38,200 .. .. ..
Total	80,200 .. .. ..

Cette vérification faite, M. Lavoisier a proposé au Comité de renfermer dans la Caisse la dite somme de 80,200^{lt} ainsi que la Pépite d'or et quelques autres effets, et d'apposer sur la Caisse un scellé qui seroit reconnu et levé après les vacances, ce qui a été exécuté à l'instant.

A l'égard des 20,789^{lt} .. 9^{d} qui complettent le restant en Caisse du Trésorier, le Comité l'a engagé à conserver ce restant entre ses mains pour subvenir aux dépenses qui pourront avoir lieu pendant les vacances, telles que le payement d'environ 5000^{lt} pour achat et travail de platine, pour les fonds à faire aux Commissaires pour les poids et mesures, à M. Desfontaines pour dessins et gravures, et pour remboursement de ce qui est dû à différens artistes, ouvriers &c.

M. Lavoisier a en même tems observé que M. Lafon Ladebat avait promis de faire passer incessamment le décret qui doit accorder un nouveau fonds de 60000^{lt} pour les poids et mesures : mais comme il seroit possible que, vu l'embarras des Circonstances, le décret ne fut pas rendu, M. Lavoisier a demandé à être autorisé, dans le cas où les fonds pour les poids et mesures lui manqueroient pendant les vacances, a y suppléer, pour les Dépenses les plus urgentes, sur les fonds en réserve de l'Académie.

Au Comité de Trésorerie Le Cinq Septembre 1792.

Jeaurat directeur. Darcet vice directeur. Laplace. Desfourny. Sannier trésorier. La Lande vice Secret.

Du 21. Décembre 1792.

Le Comité de Trésorerie s'étant assemblé à la suite de la Séance de l'académie, ainsi que le Directeur l'avait annoncé, à l'effet d'entendre les différentes demandes que quelques Académiciens avaient à faire pour remboursement d'avances et frais d'expériences.

Mr Coulomb a demandé s'il étoit dans l'intention de l'Académie de faire construire un Aimant artificiel suivant sa méthode, pour être réuni au Cabinet de l'Académie. Après que l'objet de cette dépense a été discuté, le Comité a autorisé le Trésorier à y employer jusqu'à la concurrence de Six cens livres.

Mr Coulomb a en même tems annoncé qu'il étoit occupé d'expériences sur la cohérence des parties des fluides et qu'il avait besoin de faire construire un appareil de son invention, pour déterminer la force de cette cohérence, qu'il espérait au surplus que la dépense n'excéderait pas trois cens livres. Le Comité a autorisé le Trésorier à payer cette dépense quand l'appareil sera construit.

Mr Desmarets a exposé qu'il étoit occupé à faire graver des Corrections aux Cartes d'Auvergne qu'il a présentées à l'Académie et dont il a été décidé qu'un exemplaire serait exposé dans la salle d'assemblée, et il a demandé que l'Académie voulut bien l'aider à faire exécuter ces Corrections.

Il a ajouté qu'il avait formé des Cartes relatives aux Volcans du Velay, qui ne sont pas complettes, mais qu'il ne pourrait achever ce travail intéressant pour l'histoire naturelle des volcans de cette ci-devant Province, s'il n'était aidé par l'Académie, principalement pour la gravure. Le Comité a arrêté de consacrer à cet objet une somme de douze cens livres, dont il sera avancé Trois cens livres à Mr Desmarets et successivement par Trois cens livres, à mesure qu'il justifiera de l'emploi des premières sommes.

~~Mr Berthollet a représenté qu'il avait des expériences importantes à faire sur l'application de la Chimie à différens arts. Il a désiré que sa demande ne fut pas spécifiée davantage dans la délibération et qu'il lui fut accordé pour cet objet une somme de Deux mille quatre cens livres. Le Comité y a consenti [illegible]~~

~~Le même a présenté un Mémoire de fournitures [illegible] faites en 1781 pour le Compte de l'Académie par Mr Cluzel pour des expériences relatives aux Machines aérostatiques, le dit Mémoire montant à Trois cent neuf livres quatorze sols. Le Trésorier a été autorisé à le rembourser.~~

Mr Jeaurat a demandé le remboursement d'une somme de Trois cens livres qu'il a employée pour commencer les calculs et la rédaction de nouvelles tables de la Lune de Mr Euler, lesquelles ameneront la simplicité du calcul au point de n'exiger que quatre tables. Le Comité a autorisé cette dépense.

Mr de la Lande a représenté que Mr de Lambre, par zèle pour l'avancement de l'Astronomie a fait faire à ses frais, une Lunette méridienne du prix de Douze cens livres et une Lunette parallatique de quatre cens livres. Il a ajouté que Mr de Lambre étant dans une position très serrée, il serait digne de la munificence de l'Académie de lui rembourser cette somme, au moyen de laquelle la Nation deviendrait propriétaire de deux excellens instrumens. Le Comité accorde à Mr de Lambre le remboursement de la somme de Seize cens livres, comme le demandait Mr de la Lande.

Mr Lavoisier a exposé qu'il avait été passé en dépense à Mr Tillet, à Mr de Buffon et à tous les précédens Trésoriers, une somme de Six cent cinquante livres pour frais de Bureau et dépenses relatives à la Trésorerie ; que son intention n'était pas de faire tourner aucune partie de cette somme à son profit, mais qu'il demandait à être autorisé à en employer six cens livres pour appointemens à Mr. Bardou qui se trouvait chargé de la tenue des Registres de la Trésorerie et de toutes les écritures relatives aux affaires de l'Académie, et que les autres cinquante livres seraient employées pour remboursement des frais de papier et de Bureau de la Trésorerie. Le Comité a autorisé l'emploi annuel de la somme de six cent cinquante livres pour frais de commis et de Bureau de la Trésorerie, comme elle avait été passée à Mr. de Buffon et à Mr. Tillet.

Fait et arrêté au Louvre en la salle de l'Académie le 21. Décembre 1792. l'an premier de la république.

Darcet presid.t Laplace vice présid.t Lalande vice-secret.
Borda Coulomb Desfontaines
Daunou Haüy

Du 26. Janvier 1793.

Les Comités de Trésorerie et de Librairie réunis s'étant assemblés à la suite de la séance de l'académie, d'après la convocation faite par le Président, Le Citoyen Lavoisier a exposé que l'Académie avait arrêté en 1783 de destiner des fonds pour des expériences sur les machines aérostatiques et qu'elle avait nommé une Commission pour s'en occuper ; que le C. Berthollet avait chargé, de l'aveu de la Commission, le C. Clusel, apothicaire, de concourir avec lui à des expériences sur les enveloppes, sur les vernis propres à enduire les taffetas et sur différentes distillations, telles que la distillation du licopodium, des noix, du charbon de terre, sur la formation du gaz hépatique &c. Que le C. Clusel avait différé jusqu'à ce moment à demander le remboursement de ses dépenses, mais qu'enfin il venait d'en remettre au C. Berthollet le Mémoire montant à Trois cent neuf livres quatorze sols. Surquoi le C. Lavoisier a demandé les intentions du Comité. L'objet ayant été mis en délibération, il a été arrêté que le C. Berthollet s'entendrait avec le C. Clusel pour que son Mémoire fût reglé à ce qui est juste et raisonnable et que le Trésorier serait autorisé à l'acquitter sur la Certification du Citoyen Berthollet et la quittance du C. Clusel.

Le C. Lavoisier a fait ensuite rapport au Comité d'un Mémoire des Dépenses faites en expériences depuis 1785 jusqu'en 1793 par le C. Fourcroy pour différens Rapports et Mémoires qu'il a lus à l'Académie et dont une grande partie ont été imprimés dans ses Recueil. La somme dont le C. Fourcroy demande le remboursement est de 1376.t Surquoi il a été observé par quelques membres du Comité que la demande du C. Fourcroy n'était pas conforme aux règles que le Comité avait suivies jusqu'alors pour le remboursement des frais d'expériences ; qu'il avait toujours été d'usage que les académiciens qui se proposaient de faire des expériences sur les fonds de l'Académie, la prévinssent, ou au moins le Comité et qu'ils exposassent sommairement l'objet de leurs travaux ; que le Comité s'était même fait la loi de demander un exposé par écrit et signé ; qu'il tirerait à conséquence d'intervertir cet ordre, puisqu'un grand nombre d'académiciens pourraient se croire fondés à faire de semblables demandes pour des expériences déjà très anciennes ; ce qui épuiserait en un moment les fonds de l'Académie sans qu'il en résultât aucun avantage pour les progrès des Sciences.

Mais en même tems le Comité prenant en considération la demande faite par le C. Fourcroy d'un secours pour continuer la suite d'expériences qu'il a commencées sur la décomposition des alkalis, sur celle de l'acide Carbonique et autres travaux dont il s'occupe. Considérant que depuis qu'il est membre de l'académie il n'a jamais reclamé ni obtenu aucun dédommagement des frais d'expériences pour les nombreux Mémoires qu'il y a lus ; le Comité lui accorde la disposition d'une somme de douze cent livres ~~sur les fonds de 1792~~, laquelle somme le Trésorier est autorisé à lui payer.

Fait et arrêté aux Comités de Trésorerie et de librairie réunis ce 26 janvier 1793 l'an second de la république française.

Darcet secrét. Laplace v. cassini de st Lalande vice secret.
Coulomb Borda Desfontaines Davouer Lhomme

Du 9. fevrier 1793.

Les Comités de trésorerie et de librairie réunis ayant été convoqués par le président de l'académie et s'étant assemblés après la séance.

Le C. Buache a rendu Compte des dispositions favorables dans lesquelles il avait trouvé le C. Monge, ministre de la Marine, relativement à l'accélération de la publication de la Connaissance des temps. Il a ajouté que ce Ministre désirait que l'académie lui adressât très incessamment un rapport sur cet objet, afin qu'il pût reclamer auprès de la Convention, par l'organe des Comités de Marine et de commerce, les fonds et secours nécessaires pour que la Connaissance des temps parut au moins trois ans et demie d'avance.

Sur quoi le C. Cassini chargé du travail de la Connaissance des temps pendant l'absence de M. Méchain, ayant été entendu, ainsi que le C. harmand, l'un des Coopérateurs pour les Calculs et le C. DuPont Imprimeur, il a été arrêté que le C. de Borda projetterait un rapport dont les bases ont été fixées ainsi qu'il suit.

1° L'impression du volume de la Connaissance des temps de 1795. dont les calculs sont presque achevés, sera commencée dans le cours du présent mois de fevrier, et terminée pour le mois d'aout prochain, au plus tard, conformément à l'engagement qu'en a pris le C. DuPont.

2° Les calculateurs se mettront en état de livrer à l'impression le volume de 1796. dans le courant du mois d'aout prochain : L'impression en sera commencée aussitôt et conduite de manière à ce qu'elle puisse être terminée pour le 1er Mars 1794.

3° Dès que les calculateurs auront terminé les calculs relatifs à 1796 c'est à dire dans le cours du mois d'aout prochain, ils entameront sur le champ les calculs de l'année 1799 et les mettront en état d'être livrés à l'impression pour le premier Mars 1794 au plus tard.

4° à l'égard des volumes de 1797 et 1798 les calculs en seront copiés dans l'almanach nautique anglais à mesure qu'il paraîtra. L'académie nommera des Commissaires particuliers pour s'occuper de la rédaction de ces deux volumes. Ils ne contiendront que ce qui sera indispensablement nécessaire pour les astronomes et pour les Marins, et l'académie avisera, lorsqu'il en sera temps aux moyens de les faire imprimer soit à l'imprimerie du C. DuPont, soit à toute autre ; mais surtout de manière à ce que la publication du volume de 1799 et suivans n'en soit pas retardée.

Il a été arrêté en outre qu'il serait fait un marché avec le C. DuPont pour l'impression de cet ouvrage ; que ce marché contiendrait obligation de fournir un nombre déterminé d'exemplaires au prix commun du Commerce ; que cette obligation serait réciproque de la part du Ministre de la Marine et qu'en conséquence le marché serait approuvé par lui. Cependant comme cet objet ne peut paraître terminé sur le champ le C. DuPont a offert de Commencer dès la semaine prochaine l'impression de la —

Connaissance des tems de 1795, s'en rapportant à l'académie pour l'indemnité qui pourroit lui être légitimement due, s'il est fondé que les Ministres se proposent de solliciter de la Convention n'étoient point accordés. Ce à quoi le Comité a consenti au nom de l'académie sur les fonds en reserve, mais pour le volume de 1795 seulement.

Le Comité a pareillement arrêté que le Trésorier seroit autorisé à continuer à payer les Calculateurs comme par le passé pour la Connaissance des tems de 1796 et à faire à cet effet les avances nécessaires sur les fonds de l'académie. Mais en même tems il a paru qu'il étoit juste que l'excédent de dépense occasionné par l'absence de M. Méchain fut supporté par les fonds accordés pour les poids et mesures.

Mr Vicq d'Azyr ayant demandé à être introduit au Comité, il a lu l'écrit ci après:

„ Je reclame avec confiance auprès des C. qui composent le Comité de Trésorerie de l'académie des Sciences le secours dont j'ai besoin pour continuer les travaux d'anatomie soit humaine, soit comparée, que j'ai commencés depuis longtems.

„ Ces travaux consistent 1.° dans la dissection et la description des animaux domestiques dont je ne puis me procurer les Corps sans des frais assez considérables. J'ai commencé ces travaux à l'école vétérinaire où j'ai un laboratoire dont les dépenses doivent être maintenant toutes à ma charge; 2.° dans un Traité d'anatomie in folio avec des planches représentant dans la grandeur et avec les Couleurs naturelles, les divers organes de l'homme et ceux des Animaux. Cet ouvrage que l'académie a bien voulu accueillir, est en retard faute de moyens suffisans pour l'achever. J'ai eu besoin d'un local commode et situé dans un grand hôpital. Les Corps administratifs m'en ont accordé un à l'hôtel dieu de Paris, où j'ai formé un laboratoire pourvu des divers instrumens nécessaires pour ces sortes de travaux.

„ Mais cette mesure ne suffit pas: 1.° J'ai des dépenses continuelles à faire pour mes différentes recherches; 2.° Il faut que je sois aidé par des prosecteurs très intelligens et très instruits, car l'anatomie ne se borne pas à montrer les surfaces extérieures des Corps qu'elle considère; elle s'applique surtout à développer les détails de leur structure la plus intime, et pour remplir ces vues, elle s'exerce à faire, à créer pour ainsi dire des Coupes, dont la Comparaison et les rapports fassent connaître la véritable composition des parties. 3.° Les diverses préparations doivent être dessinées et gravées par des artistes habiles.

„ J'ai fait avec plaisir, tant que je l'ai pu, les dépenses nécessaires pour ces travaux, mais ma position actuelle me met dans la nécessité de les interrompre si je ne suis pas aidé.

„ J'ai l'honneur d'observer aux Citoyens composant le Comité 1.° Que depuis le Commencement du siècle, l'académie n'a fait aucunes dépenses qu'on puisse citer pour les progrès de l'anatomie; 2.° que ces sortes d'ouvrages sont faits avec le soin que j'y donne, ne rapportant jamais qu'une très petite partie des frais qu'ils ont coûté.

„ J'ai entre les mains des dessins in folio représentant divers organes du limaçon, dirigés par feu Mr Hérissant, sans aucunes notes, ni explication quelconques. Ces planches qui appartiennent à l'Académie étoient dans le plus mauvais état. Je les ai fait réparer et je les ai rangées dans un portefeuille, suivant l'ordre qui leur convient.

„ J'ai aussi à ma disposition des dessins concernant l'anatomie des Poissons dirigés par Duverney, vers la fin du dernier siècle. Ces dessins ont été faits sur les Côtes des Ci devant Provinces de Bretagne et de Normandie, où l'académie avait envoyé des Prosecteurs et des artistes. Je prends volontiers l'engagement de publier ces divers travaux en même temps que les miens et je demande que les Comités viennent à mon secours pour les frais de dissection, de dessin et de gravure.

au Louvre ce 9 fevrier 1793 au second de la république. Signé Vicq d'Azyr

Le Comité ayant délibéré sur cette demande, il a été arrêté qu'attendu l'importance de l'ouvrage entrepris par le C. Vicq d'Azyr, l'utilité qui doit en résulter pour les progrès de l'anatomie, la supériorité de l'exécution de ce qu'il a publié jusqu'ici, l'impossibilité où il serait d'en soutenir la continuation, s'il ne recevait des secours, il lui serait accordé à M. Vicq d'Azyr ~~sur les fonds de 1792~~ une somme de six mille livres pour frais de gravure publication et impression; plus deux milles quatre cent livres pour frais d'expériences et de dissection.

fait et arrêté aux Comités réunis ce 9 fevrier 1793 l'an deuxième de la république

Darcet presid.t Laplace vice président La Lande vice secret.
Coulomb Borda Desfontaines Lavoisier trésorier

Du 16. fevrier 1793.

Sur la demande faite par M. de la Place au nom de M. Haüy d'une somme de Douze cent livres pour subvenir aux frais d'acquisition de différens morceaux d'histoire naturelle et autres dépenses relatives au travail qu'il a entrepris sur la minéralogie et la cristallographie le Comité a approuvé cette dépense ~~sur les fonds de 1792~~.

+ et frais d'expériences

Il a également approuvé une dépense de Douze cent livres accordées à M. Sage pour achat de creusets de platine et spatules du même métal + pour la continuation du travail qu'il a entrepris sur la lithogéognosie.

fait et arrêté au Comité ce 16 fevrier 1793 l'an 2.e de la république.

Darcet presid.t Laplace vice président Lalande vice secret.
Coulomb Borda Desfontaines Lavoisier trésorier

Du 20 fevrier 1793.

Le Comité de Trésorerie ayant été convoqué dans la forme ordinaire à la suite de la séance de l'académie, le C. Lavoisier a observé que suivant l'usage qu'il avait trouvé établi, il avait payé au commencement de sa gestion, en qualité de trésorier de l'académie, différentes sommes pour lesquelles il n'avait pas demandé l'autorisation du Comité de Trésorerie. Ces dépenses consistent 1.° en une somme de quinze cent quatre vingt quatre livres remboursée au C. Fourcroy pour frais d'expériences faites par la Commission nommée par l'académie en exécution des décrets de l'assemblée nationale, pour déterminer le titre de l'argenterie des églises supprimées 2.° en un remboursement fait au même d'une somme de cent vingt quatre livres pour avances faites pour différens appareils relatifs à l'électricité animale. 3.° en une somme de cent cinquante livres payée au citoyen Fort horloger, pour remontage et entretien des pendules; 4.° en une somme de quatre cent quarante livres payée au C. Richard, pour entretien, nétoyement et réparations faites aux machines 5.° en une somme de dixneuf livres remboursée au C. Poissonnier pour frais de voyage à Marly relativement à un Rapport sur les eaux de vie de grain; 6.° en une somme de cinq cent quatre vingt livres payée au C. Fortin + ~~pour son travail sur l'aimant et la boussole~~ sur l'électricité. Le Comité de

+ pour différentes machines et appareils relatifs au travail du Citoyen Coulomb

Trésorerie approuvé le payement de ces dix-sept sommes et autorisé le Trésorier à les porter en dépense en joignant à l'appui les pièces justificatives du payement.

Le C. Lavoisier a ajouté que l'académie par sa délibération du 1792 avait nommé une Commission pour répéter les expériences de MM. Ingenhousz, Sennebier, Hassenfratz, Seguin et autres sur la végétation et pour en faire de nouvelles ; qu'en conséquence la commission s'était établie dans un local au jardin des plantes, que lui a procuré le C. Thouin ; qu'il y a été fait des réparations, établi une Cuve, des planches, des vaisseaux et instruments ; que le C. Robin, élève du C. Fourcroy en a été constitué le gardien et qu'il lui a été promis des émoluments ; que la dépense faite jusqu'à ce jour monte déjà à la somme de dix-neuf cent dix livres quatorze sols et que celle de l'année courante pourra s'élever en outre à celle de

Sur quoi le Comité a arrêté de destiner à cet objet une somme de [illegible] quinze cent livres.

Les Comités réunis ayant à pourvoir à la Continuation des dessins relatifs aux travaux de l'académie qui se trouve suspendue par le décès du Citoyen Fossier, ont arrêté d'en charger le Citoyen Redouté, artiste d'un talent distingué et qui réunit les suffrages de toutes les classes de l'académie ; lequel continuera lesdits dessins aux Conditions précédemment faites avec le C. Fossier.

Fait et arrêté au Louvre le 20 février 1793 l'an 2e de la république.

Borda — Coulomb — D'Arcet président

Desfontaines — Laplace vice-président

Du 22 Mars — Lamarck trésorier

Les Comités réunis s'étant assemblés à la suite de la séance de l'académie il leur a été fait rapport des réclamations de la veuve Fossier relativement aux dessins faits par feu son mari et qui n'ont point encore été acquittés ; elle a demandé que ces dessins lui fussent payés et que la somme annuelle dont jouissait son mari lui fût accordée à titre de retraite.

Il a été exposé à cette occasion que précédemment les dessins que les Académiciens faisaient faire n'étaient point à la charge de l'académie, mais à celle du Libraire chargé de l'impression des Mémoires, qui les remboursait à mesure de la publication des volumes, à raison de 24[#] par planche : que de son côté l'académie contribuait en quelque sorte au prix de ces dessins par une somme fixe annuelle qu'elle accordait au dessinateur et au graveur.

Que M. Ingram prédécesseur du C. Fossier réunissait la qualité de dessinateur à celle de graveur et jouissait à ce double titre d'une somme de 900[#] ; qu'à sa mort cette somme a été divisée en trois ; qu'il a été accordé 300[#] au C. Fossier en qualité de dessinateur 300[#] aux D^{lles} Haussard, comme chargées plus particulièrement des dessins relatifs aux volumes des savans étrangers et 300[#] au C. Gouat en qualité de graveur.

Que c'est sur ce partage de la somme de 900[#] en trois portions que la D^e Vve Fossier appuye sa demande et ses réclamations.

Sur quoi le Comité ayant délibéré, il a reconnu

1° que les fonds accordés à l'Académie étant nommément affectés à des objets déterminés, il n'était pas en son pouvoir de les distraire pour les appliquer arbitrairement à d'autres, surtout à des objets non prévus et à des pensions de retraite.

2° que le C. Fossier ayant joui pendant tout le temps qu'il a été attaché à l'académie, d'une somme de 300ᵗ, indépendamment du prix des dessins qui ont paru dans les volumes, cette somme annuelle pouvait être regardée comme une indemnité du prix des dessins qui n'avaient été ni gravés ni publiés.

Le Comité considérant cependant que l'académie s'est véritablement mise au lieu et place de son libraire, depuis qu'elle s'est chargée des dessins et de la gravure des planches de ses mémoires; que la V.ve Fossier ne peut plus exercer par conséquent aucun recours contre le libraire; que les dessins non gravés, ni publiés, forment un objet considérable dont il ne doit pas être dans l'intention de l'académie d'acquérir gratuitement la propriété; que l'académie serait toujours dans le cas de payer tôt ou tard le prix de la plupart de ces dessins au moment où ils seraient publiés dans ses volumes, en sorte que ce n'est véritablement que l'avance de la somme qui sera un jour incontestablement due à la V.ve Fossier. Enfin persuadé que dans le doute, c'est de la délicatesse de l'académie de faire pencher la balance en faveur de la veuve d'un citoyen recommandable par ses services; le Comité a arrêté que les dessins non gravés ni publiés et dont le Citoyen Fossier n'est pas par conséquent dans le cas de réclamer le payement auprès de l'imprimeur de l'académie, lui seront remboursés sur le pied de 24ᵗ par planche complette, en évaluant en demi-planche et en planche entière, les planches non complettes, ou celles qui excéderaient le format ordinaire.

Après quoi le Comité ayant entendu les Citoyens Vicq d'azyr, Le Roi, Daubenton, Lavoisier et autres, lesquels ont représenté les dessins faits pour eux par le C. Fossier et qui sont dans le cas du remboursement aux termes de l'arrêté ci-dessus, et ayant discuté différentes reconnaissances et notes de la main du Citoyen Fossier et présentées par sa Veuve, il en a arrêté comme il suit la liste et l'évaluation en planches complettes, savoir

Pour le C. Vicq d'Azyr	73	Planches
Pour le C. Daubenton	13.	
Pour le C. Desfontaines	6.	
Pour le C. Le Roi	3	
Pour le C. Gentil	8	
Pour les C. La Place et Lavoisier	3.	
Pour le C. Lavoisier	2	
Pour le C. La Marck	1.	
Total	108.	

Le tout en conformité des états signés de chacun des académiciens qu'ils concernent.

En conséquence le Comité autorise le Trésorier à payer sur les fonds des expériences et entretien des machines de l'académie à la V.ve Fossier la somme de deux mille cinq cent quatre-vingt douze livres pour le prix de cent huit planches

Le Citoyen Lavoisier a ensuite exposé qu'en s'occupant du Compte de Trésorerie de l'académie pour l'année 1791. il s'était apperçu que le résultat des Comptes particuliers ne cadrait pas avec celui du journal et que la différence était de 2666ᵗ. 13. 5ᵈ Qu'ayant recherché la cause de cette différence, il avait reconnu que les fonds destinés aux dépenses courantes de l'académie, étant insuffisans depuis longtems, M.ʳ Tillet lors de son décès s'était trouvé en

+ tant en recette qu'en dépense.

avance sur ce Compte d'une somme de 2666.ˡ 13.ˢ 3.ᵈ que cette somme aurait dû à cette époque et lors de l'établissement des nouveaux registres de Trésorerie être déduite sur le reliquat d'un des autres Comptes particuliers ; mais que cette déduction n'ayant pas été faite, il se trouve dans les Comptes particuliers une recette fictive qu'il est nécessaire de faire disparaître. Sur quoi le Comité sentant la nécessité de faire cadrer les Comptes particuliers avec le résultat du journal et de faire disparaître toute opération fictive qui pourrait porter de l'obscurité dans la Comptabilité a arrêté que le Compte des restes de l'ordonnance accordée à l'Académie pour supplément de jettons et remboursement du dixième, sur laquelle il reste un reliquat considérable, serait réuni avec celui des dépenses courantes ; ce qui remplirait le double objet de faire cadrer le journal avec les Comptes particuliers et de couvrir en même temps pour plusieurs années le déficit qui s'accumule sur le compte des dépenses courantes. En conséquence Le Comité a autorisé le Trésorier à faire sur les Registres, les écritures nécessaires pour l'exécution de la présente délibération

Fait et arrêté au Louvre le 22 Mars 1793 l'an deuxième de la République française.

D'Arcet président — Laplace vice président — Coulomb — Borda — Desfontaines — Lavoisier trésorier

Du 13 avril 1793.

Le Comité de Trésorerie expose à l'Académie qu'il s'est élevé quelques difficultés sur l'exécution du Décret du 18 mars dernier qui l'autorise à verser à la Trésorerie nationale les sommes qu'elle a en réserve sur le fonds des prix, ainsi que quelques instrumens d'or qui font partie de son Cabinet ; et après en avoir conféré avec le Citoyen Cambon membre de la Convention N.ᵃˡᵉ et du Comité des finances, il propose à l'Académie 1.° de réunir au Comité de Trésorerie pour tout ce qui sera relatif à l'exécution du Décret du 18 mars, les anciens de chacune des classes, pour en délibérer en commun ; 2.° de donner au Comité ainsi formé tous les pouvoirs et toutes les autorisations nécessaires pour faire à cet égard ce qui lui paraîtra le plus conforme aux intérêts de l'Académie et surtout à celui des Sciences.

Fait et arrêté au Comité de Trésorerie au Louvre, le 13 avril 1793. l'an 2.ᵉ de la République.

D'Arcet présid.ᵗ — Dejussieu — Desfontaines

L'arrêté ci-dessus du Comité de Trésorerie a été lu à l'Académie dans sa séance du 17 avril et il en a été délibéré. La décision portée sur les Registres à la suite de cet arrêté est exprimée en ces termes : Ce qui a été accordé.

Du 17 avril 1793.

Le Comité de Trésorerie s'étant rassemblé à la suite de la séance de l'académie avec les anciens de chacune des classes, conformément à ce qui a été arrêté par l'académie par sa délibération de ce jour, le Trésorier a lu le rapport suivant.

Observations sur la délibération prise par l'académie le 13 Mars dernier et sur les moyens de l'exécuter.

L'académie en arrêtant par sa délibération du 13 Mars dernier, de mettre à la disposition de la Convention nationale la somme de 30,000 qu'elle avait en réserve sur le fonds des prix, s'est livrée aux mouvemens de son zèle, sans avoir pris une connaissance suffisante de ses moyens.

En vain quelques membres et le trésorier en particulier ont ils insisté au moment où la proposition a été faite, pour qu'avant de faire cette démarche, l'académie s'assurât de la somme qu'elle avait véritablement de libre et qu'elle discutât la question de savoir jusqu'à quel point elle avait le droit de changer la destination des fonds affectés à des objets déterminés par des fondateurs dont plusieurs même sont encore vivans ; l'académie ~~n'a~~ refut pas été arrêtée par ces considérations ; l'offre a été faite et le décret est intervenu. — Maintenant qu'il est question de l'exécuter, il est nécessaire de mettre sous les yeux du Comité le tableau exact de la situation de l'académie, à l'égard des prix.

Les fonds restans aux Comptes des différens prix s'élèvent aux sommes suivantes

au compte du grand prix	9001. 9. „
au Compte du prix fondé par un inconnu sans désignation de sujet	4,655. „ „
à celui sur les maladies des artistes	5,412. 19. 8
à celui sur le perfectionnement des arts mécaniques	3,252. 19. 8.
à celui sur le perfectionnement des arts chimiques	6,923. 7. „
à celui fondé par l'abbé Raynal	2,400. „ „
à celui de Physique	9,000. „ „
à la Réserve provenant de la renonciation faite par le Secrétaire	3000. „ „
au Prix proposé par Mr Windisch gratz	1200. „ „
au Prix fondé par l'assemblée nationale	600. „ „
	45,445. 15. 4.

Mais d'un autre côté l'académie a sur cette somme un grand nombre d'engagemens à remplir en voici l'état :

Note des engagemens pris par l'académie sur le fonds des Prix.

objets échus	Prix proposé par Mr Windisch gratz qui n'a point été adjugé et qu'il est en droit de demander	1200. „ „
	A l'auteur de la meilleure table sur les assurances maritimes	3000. „ „
	Dû au Citoyen Duhamel fils pour le prix de physique sur les mines de charbon de terre, qui vient d'être proclamé	3000. „ „
	Dû au Citoyen Romme pour le prix sur la résistance des fluides	2000. „ „
	Dû au Citoyen Guyton Morveau pour celui fondé par l'assemblée Nale	1200. „ „
		10,400. „ „
objets qui échoiront à Pâques 1794.	Sur la théorie du Tannage	1800. „ „
	Sur la meilleure manière de curer les puits et les fosses d'aisance	2,160. „ „
	Recherches sur l'orbite de la Comète de 1770	2,000. „ „
	Prix de Physique sur la digestion et autres points relatifs à l'économie animale	5,000. „ „
		10,960. „ „

Objets qui échoiront en 1795		
	Sur la meilleure montre de poche pour déterminer les longitudes à la mer	5.000
	Sur les moyens de diminuer la dérive d'un vaisseau de guerre	4.000
	Prix sur les soupapes à feu	3,240
		12,240

Récapitulation

Engagements échus	10,400
Engagements pour 1794	10,960
Engagements pour 1795	12,240
Total	33 600
La somme en réserve est de	46,445.15.4.
Les engagements à remplir de	33,600
Ainsi il ne reste de fonds véritablement libres que	11,845.15.4.

Il est vrai que l'académie touchera incessamment pour l'année 1792 des rentes échues qui ont été léguées ou données, une somme de 9,529.7.

Qu'elle aura à toucher également dans le cours de l'année prochaine une somme de 7,369.7.

Et qu'en ajoutant ces deux sommes à la réserve effective qui est de 11,845.15.4.

il en résultera un total de 28,744.9.4.

Mais ce n'est pas ainsi que l'académie a calculé jusqu'ici : elle n'a jamais proposé aucun prix qu'elle n'en eût la valeur entre les mains au moment de la publication du programme et elle a eu lieu de s'applaudir de cette prudence ; car lorsque les rentes ont été retardées de trois années, elle se serait trouvée dans l'impossibilité de satisfaire à ses engagements envers le public si elle ne s'était mise à découvert.

La question soumise dans ce moment au Comité est donc de savoir si l'académie doit tenir au principe dont elle ne s'est jamais écartée, de ne proposer des prix qu'autant que les fonds en sont faits dans sa caisse et alors il est constant qu'elle n'a de disponible qu'une somme de 11,845.l 15.s 4.d mais il est évident que dans aucun cas, et même en sortant des mesures de prudence qu'elle s'est imposées, elle ne peut disposer d'une somme de 30000.l comme elle s'y est engagée.

Ces considérations ont été fournies au Citoyen Cambon membre du Comité des finances de la Convention et qui est plus particulièrement chargé de la surveillance de la Trésorerie nationale. Il a pensé que les choses étaient encore entières, que le décret du 18 mars, qui accepte les offres de l'académie des sciences n'était point impératif ; que la Convention ne pouvait avoir eu d'autre intention que d'accepter ce dont l'académie pouvait disposer et que c'était à l'académie seule qu'il appartenait d'expliquer ses offres et de délibérer sur les moyens de les réaliser.

A l'égard de la pépite d'or, les besoins de la Nation n'étant plus les mêmes qu'à l'époque du 18 mars, et le service public se faisant maintenant tout en assignats, l'intérêt national semblerait s'opposer à ce qu'un morceau unique en son genre, dont la valeur comme objet d'histoire naturelle est bien supérieure à celle de la monnaie qu'on peut en fabriquer, soit détruit et fondu. Au surplus ce morceau étant un effet du Cabinet de l'académie, qui appartient à la Nation, il sera toujours à sa disposition et elle pourra en ordonner la fonte.

et la conversion en Monnoie au moment où elle le jugera à propos.

Enfin d'après la conversation que le Trésorier a eue avec le C. Cambon, il pourroit craindre que le décret tel qu'il est intervenu sur les offres de l'académie, n'opérât pas pour lui une décharge suffisante, s'il n'étoit appuyé d'une nouvelle délibération qui exposât d'une manière claire et précise ce que l'académie a eu intention d'offrir.

C'est pour arrêter les bases de cette délibération importante que le Comité de Trésorerie a desiré de réunir le reste des anciens de l'académie.

Surquoi l'objet ayant été discuté et mis en délibération, le Comité en vertu du pouvoir spécial à lui donné par l'académie a arrêté

que le Trésorier tiendra à la disposition de la Nation la somme de 11,845. 15. 4 en especes, à laquelle monte ce que l'académie a de disponible sur le fonds des prix et qu'il en sera bien et duement déchargé en rapportant à l'appui de ses comptes un Récépissé de la Trésorerie Nationale; qu'à l'égard des autres sommes pour lesquelles elle a pris des engagemens avec le public par des programmes publiés et imprimés, elles seront conservées pour servir à acquitter les charges auxquelles elles sont affectées.

Considérant ensuite, relativement à la pépite d'or, que ce morceau unique en son genre, a probablement une valeur beaucoup plus supérieure à celle de la monnoie d'or qui en seroit fabriquée; que les circonstances sont entierement changées depuis le 18 mars, puisque la Trésorerie N.ale n'a plus de service à faire en numéraire pour la solde des Troupes; qu'enfin le Cabinet de l'académie étant un dépôt qui appartient à la Nation, elle sera toujours à temps de disposer de la pépite d'or et de sa conversion en especes, à l'instant où elle le jugera convenable: Le comité a arrêté qu'il seroit incessamment écrit au Président de la Convention Nationale pour lui demander si les intentions de l'assemblée sont toujours les mêmes relativement à la fonte de la pépite d'or, malgré le changement survenu dans les circonstances.

Fait et arrêté à l'academie des Sciences, au Louvre le 17 avril 1793. l'an 2e de la République française.

D'arcet pr dt. Daubenton
Lagrange Dejussieu Bossut Cadet Le Roy Desfontaines

Lavoisier

'O Le Le (Registe du Comité de Tresorerie 22-6-93 →) Le

des Délibérations

prises par le Comité de Trésorerie

de L'Académie des Sciences.

Depuis le 22. juin 1793. jusqu'au

Du 22. Juin 1793.

Le Comité s'étant assemblé à la suite de la séance de l'académie, en conséquence de la convocation faite par le Président. Le C. Lavoisier a fait les Rapports ci après :

Premier Rapport

La nomination du C. Messier à la place de pensionnaire astronome qu'occupait le C. Gentil, laisse vacante une petite pension de 500^{tt} à laquelle le Comité doit nommer.

Jusqu'ici on a eu plutôt égard dans ces sortes de nominations aux circonstances particulières dans lesquelles se trouvaient les académiciens qu'à leur ancienneté, et en général les petites pensions ont été accordées de préférence à ceux qui ne jouissaient d'aucun autre traitement.

Lors des dernières nominations qui ont été faites, le C. Sabatier et le C. Coulomb furent regardés comme du nombre de ceux qui ne pouvaient concourir pour les petites pensions : le premier parcequ'il occupait aux Invalides une place avantageuse et qu'il y joignait un état lucratif : le second parcequ'il jouissait de la place de Gouverneur du Chateau d'eau de la rue d'Enfer. En conséquence les C. Tessier et Fourcroy leur furent préférés, quoique moins anciens. Aujourd'hui que le C. Coulomb a perdu la place qu'il occupait, par une suite des circonstances de la revolution et que le C. Sabatier se trouve forcé de quitter la sienne, il parait juste qu'ils reprennent leur rang, et on propose en conséquence au Comité de nommer l'un ou l'autre à la petite pension vacante par la promotion du C. Messier à la place de pensionnaire Astronome. Ces académiciens ont tous deux bien mérité des sciences et de l'académie par leur assiduité et par leurs travaux. Le Comité connait la réputation dont jouit le C. Sabatier comme anatomiste ; il connait également les travaux importants qu'a faits le C. Coulomb sur le magnetisme et sur l'électricité ; ainsi sous ce rapport il serait difficile de prononcer entre eux. Les circonstances particulières où ils se trouvent peuvent également présenter des motifs d'incertitude ; car si d'un côté le C. Sabatier est plus ancien de huit années de l'autre il peut tirer parti pour améliorer sa fortune de l'exercice de son art et de son état de chirurgien. Le C. Coulomb au contraire ne peut trouver dans les travaux académiques auxquels il se livre, que des occasions de dépenser ; de plus il se trouve dans une classe composée de presque toutes personnes plus jeunes que lui en sorte qu'il seroit possible qu'il ne devint jamais Pensionnaire. Le Comité est prié de peser toutes ces considérations et de prononcer.

Ceux qui pourroient concourir avec les C. Sabatier et Coulomb sont le C. Pingré, qui perd à la Révolution, mais auquel il reste cependant un sort proportionné à ses besoins; Le C. Vicq d'azyr, qui est à la vérité de 4 ans plus ancien que le C Coulomb, mais qui l'est moins d'une année que le C. Sabatier. Il conserve d'ailleurs la place de secrétaire de la Société de Médecine, à laquelle est attaché un traitement avantageux; Enfin le C. Delambre qui a bien mérité des Sciences, mais qui n'est entré que l'année dernière à l'Académie. Tous les autres associés ordinaires de l'académie ou sont déja pourvus de petites Pensions, ou ne sont point par l'état de leur fortune dans le cas d'y prétendre.

Lorsque le Comité se sera décidé sur cette nomination, il voudra bien statuer sur la forme dans laquelle elle devra être faite et examiner s'il y a lieu de demander la Confirmation du Conseil exécutif.

Surquoi Le Comité embarrassé de choisir entre deux confrères aussi méritans+ et desirant donner à l'un et à l'autre des preuves de son estime, a arrêté qu'ils seroient portés l'un et l'autre sur la liste des petites Pensions qui sera incessamment arrêtée par l'académie pour être adressée au Ministre; pour en jouir en commun et que pour leur completter à chacun la s.e de 500.# il sera prélevé pour les années 1793 et 1794 pareille s.e de 500.# sur celle de mille livres provenant d'une Recette extraordinaire que le Trésorier a faite et qu'il a portée comme supplément au Compte des petites Pensions; sauf à pourvoir par d'autres moyens à la continuation du payement de la d.te s.e pour les années 1795 et suivantes. /.

+ que les CC. Sabatier et Coulomb

Second Rapport

Le C. Fattory est malade et infirme: il est agé de 85 ans et dans l'age des besoins; cependant les appointemens dont il jouit comme gardien du Cabinet de l'academie, ne sont que de 500.# et cette s.e ne représente plus la même valeur qu'autrefois, d'après l'augmentation du prix de tous les objets de consommation. On propose en conséquence d'accorder au C. Fattory une gratification de 150.# pour l'année 1792. sur les fonds en reserve, et d'y ajouter une somme de 25.# en faveur de sa Domestique, pour les soins qu'elle lui donne, depuis surtout que différentes Sociétés se réunissent dans la salle de l'academie.

Surquoi

Surquoi le Comité desirant accorder au C. fattory un témoignage de satisfaction de ses longs et fideles services, a autorisé le T[résorier] à lui payer, à titre de gratification extraordinaire, une somme de Trois cens livres et d'y joindre une s[omm]e de Cinquante Livres en faveur des deux Domestiques qui ont concourru au se[rvice] des salles de L'académie, suivant la répartition que le C. fattory jugera à propos de faire entre elles./.

Troisième Rapport

Le C. Lucas huissier de l'académie, demande au Comité que son fils lui soit adjoint pour l'aider à remplir les fonctions dont il est chargé. Ce secours lui devient d'autant plus nécessaire que le C. fattory est dans un état d'infirmité qui ne lui permet plus depuis plusieurs mois, de paraître aux séances de L'académie et qu'il est difficile que le service des séances soit fait par moins de deux personnes. Le fils du C. Lucas est à la vérité bien jeune, mais l'académie ne doit pas oublier que le C. Lucas était plus jeune encore lorsqu'il a succédé à son père dans la place d'huissier de L'académie et que depuis cette époque il a rempli ses fonctions avec un zèle, une intelligence et une honnêteté au dessus de tout éloge.

Surquoi le Comité, empressé de donner au C. Lucas des témoignages d'attachement et de satisfaction, a arrêté que son fils lui serait adjoint et concourrait sans émolumens à remplir avec lui les fonctions d'huissier de L'académie /.

Fait et arrêté en la salle de L'académie au Louvre ce 22 juin 1793. L'an 2e de la République française.

D'arcet president. Le Roy. Desfontaines. La Lande.
Borda. Cadet. Bossut. Portal. Sennebier[?]
Desmarest

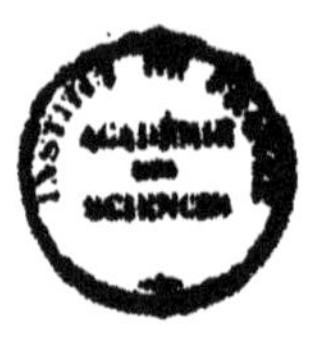

Lavoisier

n° 948 – Mémoire de la main de Lavoisier – 5 p.

948

Mémoire

Les membres de l'Académie qui ont acquis quelque renom dans la compagnie ont pu s'apercevoir qu'elle n'avait jamais eu de principes bien fixés ~~dans~~ sur la forme ~~des~~ des rapports des conclusions qui les terminent et des jugements ~~de l'Académie~~ portés en conséquence. une infinité de circonstances influent sur l'indulgence ou sur ~~et~~ la sévérité des jugements + ~~[illegible]~~ [illegible] +

+ et on a vu plusieurs fois admettre à une séance ~~[illegible]~~ à une plus grande pluralité ce qui avait été rejeté à une autre à une pluralité toute aussi grande

Plus l'Académie prend de [illegible] plus elle a honoré [illegible] plus elle ~~[illegible]~~ du gouvernement [illegible] plus il est important ~~qu'elle~~ [illegible] ~~de principes~~ [illegible] ~~[illegible]~~ qu'elle se forme # [illegible] de [illegible] [illegible] elle [illegible] [illegible] dont un [illegible] la quelle aura approuvé dans un acte [illegible] perpétuellement en contradiction avec elle-même.

des principes et une sorte de jurisprudence et qu'elle [illegible] ~~persécution~~ [illegible] en contradiction [illegible]

Les difficultés qui se sont élevées dernièrement à l'occasion d'un rapport de M. le Roy et de quelques autres, la proposition qui a été faite par M. l'abbé Rochon de réduire toutes les conclusions des rapports à cette seule formule approuvé ou non approuvé m'a fait naître quelques réflexions que je vais soumettre à l'académie.

Il me semble d'abord que nous n'avons pas défini d'une manière assez rigoureuse ce que c'est qu'un rapport académique : il doit être composé d'une exposition de l'objet de discussion, il doit être terminé par des conclusions, il doit être suivi d'un jugement. + mais on a toujours confondu [illegible] si bien qu'il a passé en usage que lorsque les conclusions ne sont point conformes au jugement ou contraires [illegible] les commissaires [illegible] à les réformer. [illegible] qui [illegible] toutes nos difficultés. Ces conclusions qui sont connues comme avis des commissaires avec le jugement de l'académie

+ Il y a [illegible] les conclusions des commissaires [illegible] jugement [illegible] de l'académie qui a [illegible]

Il y observerai d'abord que cette [illegible] qu'à l'académie [illegible] sur les opinions de ses membres [illegible] l'académie [illegible] sans doute [illegible] de ses jugemens mais elle ne [illegible] par des conclusions de ses commissaires dans [illegible] les tribunaux [illegible] le rapporteur [illegible] publie donne ses conclusions et quelquefois [illegible] jugement les opinions particulières [illegible] ont été changées [illegible] confondre [illegible] le rapport particulier des commissions ~~sont susceptibles de~~ ~~tion n'ont été considérés~~ comme un jugement de l'académie et réciproquement ~~assez longue~~ ~~voix pour~~ ~~de la compagnie~~ les conclusions des Commissaires peuvent être de quelque étendue elles ~~peuvent ou~~ doivent rappeler ce qu'il y a de bon et délicat dans un ouvrage ## ~~ce qu'il y a~~ ce ~~qui mérite d'éloges~~ ~~ce qui peut~~. Le jugement de l'académie doit être plus sévère et plus concis + doit être resserré dans une ou deux ~~phrases~~ brèves et ~~dans~~ et le bon, c'est un ~~petit nombre~~ de formules qui se trouveront toujours suffisamment expliquées ~~par les conclusions des commissaires~~.

Je crois donc qu'il serait ~~convenable~~ que l'académie arrête que à la suite des conclusions des commissaires il ~~sera~~ serait ajouté un prononcé de l'académie. Ce prononcé serait conçu à peu près en ces termes.

L'académie sur le rapport qui lui a été fait de la ... présenté par M. ... a jugé qu'il ne contenait rien dans neuf pour mériter son approbation

~~…~~ on y peut admettre des mots … et des éloges mais

+ il ne ~~…~~ pour être …

~~…~~ ou la rapporteur des conclusions des commissaires

L'academie sur le rapport qui lui a été fait d'un nouvel alliage métallique propre a être employé pour l'étamage des cuivres a jugé que cet étamage avoit tous les avantages de l'étain et qu'il avoit de plus celui d'être moins fusible, qu'en conséquence il méritoit son approbation.

L'academie sur le rapport qui lui a été fait de la préparation d'un nouveau rouge a jugé que cette couleur étoit d'une importance trop médiocre pour mériter son approbation.

Le prononcé de l'academie seroit projetté par les commissaires, écrit ou en deliberation sur une feuille de papier séparée. Le rapport fait, la deliberation lue, le prononcé, en cas de difficulté ou ... aux voix et le jugement adopté.

avant la lecture du rapport

Comme ces prononcés seroient toujours laconiques et simples, [illegible] seroient toujours faciles.

Lavoisier

n° 708 — 3p.

Grand prix

Prix sur les assurances maritimes
proposé pour l'année 1783 — 2000.
remis à payer 1783 pour 1785
et doublé — 2000.
remis à payer 1785 pour
1787 et triplé — 2000.
6000.

à Pâques 1787.
La moitié seulement du prix porté à 6000.
c'est à dire 3000. a été distribuée et
partagée entre MM. Delacroix et M.
Bicquilley, savoir
au 1er — 1800 } 3000.
au 2e — 1200 }

Restait à employer — 3000.

que l'academie a reservés pour être
distribués à Pâques 1791 à l'auteur
de traités d'assurances maritimes

Il ne paroît pas qu'il ait été envoyé
depuis aucun ouvrage sur cet objet
ni pour 1791, ni depuis cette époque jusqu'à
présent : les programmes n'en font aucune
mention. ainsi ce sont 3000. à reserver ci — 3000.

Prix sur la résistance des fluides
proposé pour l'année 1789 — 2000.
remis à payer 1789 pour 1791
et doublé — 2000.
4000

à Pâques 1791. La moitié du prix
c'est à dire 2000. furent partagés
également entre M.M. Grabart
et Roma, ci — 2000.

Restait disponible — 2000.

La question n'ayant pas été entièrement
résolue l'Académie la proposa de nouveau
pour 1793 en ajoutant 2000 à la moitié
du prix qui n'avait pas été distribuée
et il en résulta un nouveau prix de 4000.
dont la moitié seulement a été donnée

Ces 2000 sont également à déduire parce qu'elles ne sont pas encore payées ci — 3000
2000

a l'ayant 1793 à M. Romme. L'autre moitié augmentée de 2000 a formé le fond d'un prix de 4000 sur les moyens de diminuer la dérive d'un vaisseau de guerre proposé pour 1795. ainsi à réserver — 4000.

Il faut aussi des fonds disponibles de l'académie 2000 pour le prix sur la recherche de l'orbite de la 1re Comète de 1770. proposé pour 1795. — 2000

Total — 11 000

Prix de physique

Il y a des fonds disponibles affectés à ce prix la somme de 3000 adjugé à M. Duhamel à la séance de l'année dernière pour le prix double qu'il a remporté ci — 3000.

Prix sur les maladies des artistes

Le prix double de 2160 proposé pour 1794. sur la meilleure manière de curer les puits &c est aussi à réserver ci — 2160

Prix sur les arts mécaniques

Le prix sur les machines à feu proposé d'abord pour 1793 a été remis et proposé de nouveau pour 1795. avec un prix triple de 3240 qui doit aussi [illegible] réservé ci — 3240

Prix sur les arts chimiques

Il faut aussi reserver 1800.# pour le prix triplé sur la nouvelle question proposée, celle de la theorie du tannage, pour l'année 1794. ci — 1800

Prix de l'abbé Raynal

~~Le prix proposé pour 1792. a été ...~~

L'académie a sur les fonds destinés à ce prix proposé un prix de 5000.# sur la meilleure montre marine, lequel doit être proclamé à l'année 1795. ainsi c'est encore 5000.# à reserver

Prix de physique extraordinaire

L'académie a également proposé un prix de physique extraordinaire de 5000.# qui doit être proclamé à l'année 1794 sur la theorie de la nutrition vegetale et animale; il faut encore distraire cette somme des fonds dont elle peut disposer, ci — 5000

Résumé

grand prix	11000.
Prix de physique	3000.
maladies des artisans	2160.
arts mécaniques	3240.
arts chimiques	1800.
Prix de l'abbé Raynal	5000
Prix de physique extraordinaire	5000
	31200

Lavoisier

Prix Extraordinaire

n° 712 — Ex.

Prix Extraordinaire.

1775 pour

1776 pour 1777 . . . 2400 ~~[illegible]~~ ~~ou seulement [illegible] en 1777 1200.~~	en faveur de celui qui aura contribué le plus [illegible] et devra avoir [illegible] les instruments de météorologie de l'académie	Remis à 1779 accordé en 1779 moitié de ce prix à M. [illegible] Remis en 1781 l'autre moitié ~~[illegible]~~ accordée à M. Dijon
1781 pour 1783 . . 1200	nouveau prix de 1200 sur la division des instruments d'astronomie	ce prix a été prorogé et donné
1775 pour 1777 1200	proposé par une société de négociants sur la culture de l'indigo et sur les moyens de conduire les [illegible]	adjugé à M. Quatremère Dijonval en 1777.
1783 pour 1785 ~~6000~~ 12000	Sur la construction d'une machine à eau pour remplacer celle de Marly	Remis en 1787 Remporté par les auteurs après M. Gondouin de la [illegible] et [illegible] 6000 M. Vidlon . . 4000 M. Chaussé 2000 — 12000.
1785 pour 1786. 240.	proposé par M. de Gouls sur les moyens de [illegible] des vaisseaux [illegible]	Remis à 1787 Retiré en 1787.

~~1786 pour 1787 — 240 { la [illegible] proposé [illegible] paraît être [illegible] et de garder le sujet [illegible] }~~

1786 pour 1787 — 240 — { Sur la lecture de [illegible] sur [illegible] en [illegible]. Ce prix paraît avoir été proposé pour être adjugé } — Remis en 1788 il n'a été accordé aucun prix n'ayant concouru

1786 pour 1788 — 12000 — { Sur les moyens de perfectionner la pompe de la Seine et du pont neuf } — Remis en 1789 le prix n'a point été adjugé. Il a été retiré

~~Prix~~
1786 pour 17.. — 12000 — { prix proposé par le gouvernement [illegible] de l'académie sur le flint-glass. } — Remis en 1791 le prix a été oublié

Les prix ne formant point objet de comptabilité, les fonds n'ayant été faits par des particuliers, ils ont été adjugés, à l'exception cependant de celui sur la division des instruments de mathématiques et de celui pour le plus ingénieux constructeur d'instruments de mathématiques de l'académie qui a été payé des fonds de l'académie.

Lavoisier

Prix proposés pour 1785-86-87

Royale des Sciences [illegible]

Le Premier Prix pour la S.t Martin 1785 est de 2400.
Sur cette question :

pour la S.t Martin 1785

Chymie

„ Trouver le procédé le plus simple et le plus économique pour
„ décomposer en grand le sel marin, en extraire l'alkali qui lui sert
„ de base, dans son état de pureté, dégagé de toute combinaison
„ acide ou autres, sans que la valeur de cet alkali minéral excédât
„ le prix de celui qu'on retire des meilleures soudes étrangères

Noms de MM. les Commissaires

La class. de chimie

point de mémoires. le concours est fermé. le prix avait déja été remis a

Le Second Prix est une médaille de la valeur de 1080.tt sur cette question :

Pour la S.t Martin 1785.

Maladies des ouvriers fabriquants de chapeaux

„ Déterminer la nature et les causes des maladies des ouvriers employés
„ dans la fabrique des chapeaux, particulièrement de ceux qui secrettent
„ et la meilleure manière de les préserver de ces maladies, soit par des
„ moyens physiques ou mécaniques, soit par des changements avantageux
„ dans les différentes opérations de leur travail

Noms de MM. les Commissaires

Le Roi
Tillet
Sénon
Cadet
Lavoisier

N.a Les mêmes sont commissaires
pour ce prix sur les maladies des
ouvriers qui mettent au teint
il n'est venu aucun mémoire
et le concours est fermé.

Le troisième Prix est une médaille de la valeur de 1080.tt sur cette question :

Pour la S.t Martin 1785.

Moulins à eau.

„ Perfectionner la construction des moulins à eau, surtout de leur partie
„ intérieure, de manière qu'ils soient plus simples, s'il est possible, qu'ils donnent
„ ce plus de farines et des produits plus distincts dans la qualité de ces farines ;
„ que par la réunion de jeu des bluteries, à mesure que la farine est extraite
„ du grain, ils deviennent propres à la nouvelle espèce de mouture adoptée depuis
„ quelques années dans les moulins de Corbeil, et dans quelques autres voisins
„ de la capitale ; enfin qu'ils renferment différentes mécaniques, pour qu'ils
„ puissent, au moyen de la force qui les fait mouvoir, produire les

" divers effets nécessaires à leur service.

Noms de MM. les Commissaires.

le Roi,
Tillet.
L'abbé Bossut.
De Savon.
Coulomb.

Liste des Prix pour l'année 1786.

Anatomie

Premier Prix extraordinaire pour Pâques 1786 de 1500 ᵗᵗ sur cette question :

Dela Description du Nerf intercostal dans l'homme.

Noms de MM. les Commissaires

La classe d'Anatomie.

Anatomie

Second Prix proposé par le même Programme et qui sera délivré à Pâques 1786 également de 1500 ᵗᵗ sur cette question :

De la Description du Nerf intercostal, considéré dans les animaux.

Les mêmes.

Astronomie

Troisième Prix ~~double~~ pour Pâques 1786 de 4000 ᵗᵗ sur ces questions.

1° " Déterminer le plus exactement qu'il sera possible, et d'après " les meilleures observations différemment combinées, les élémens " de l'orbite de la comète qui a paru en 1532 et de celle qui a paru " en 1661.

2° " Dans le cas où ces Élémens différeroient assez entre eux " pour laisser du doute sur l'identité des deux comètes, " examiner si, en supposant que ces deux comètes " soient la même, l'action de Jupiter et celle de Saturne " sur la comète de 1532, depuis cette année jusqu'en 1661, " ont pu produire ces différences.

Noms de MM. les Commissaires.

Le Monnier
Bossut ~~[illegible]~~
De Condorcet.
Deux commissaires à substituer à MM. Dalembert et Cassini.

Quatrième Prix extraordinaire de [illegible] d'une Médaille de 240# sur cette question :

Digues artificielles

« N'y auroit-il pas des moyens pour placer en mer, le long des côtes
« de France, dans les parties qui en sont susceptibles, des esplanades
« ou digues artificielles, qui, dans les gros temps, puissent servir à rompre
« l'impétuosité de la mer, et sous le vent desquelles les navires du Roi, du
« Commerce, ou toutes autres embarcations qui n'ont d'autres ressources
« que la côte, puissent, en y mouillant, y trouver un asile où ils n'aient
« d'autres efforts à vaincre que celui du vent, dont la résistance peut être
« diminuée par les manœuvres usitées en pareille circonstance ?

Noms de MM. les Commissaires.

Ils ne sont pas nommés. MM. Borda Bory Chabert ont rendu compte de la proposition

---

Cinquième Prix pour payer 1786 d'une Médaille d'or de 1200# sur cette question :

Chymie

« Faire une analyse, un examen chimique de la Garance
« et de la Cochenille, drogues de bon teint, comparés avec une pareille
« analyse des bois de Campêche et de Fernambouc, drogues dont le teint
« est toujours faux, quoique ces substances colorantes soient appliquées
« sur les mêmes matières, par les mêmes mordans et par les mêmes méthodes
« que celles qui produisent les couleurs de bon teint.

Noms de MM. les Commissaires

La classe de chymie

Liste des Prix pour l'année 1787

Premier Prix pour payer 1787 de 12000# en trois prix sur la Simplification de la Machine de Marly.

Machine de Marly

Savoir

« Le 1er Prix de 6000# à l'auteur qui aura présenté le projet le plus
« avantageux sous le triple rapport de l'art &c
« Le 2e de 4000# à l'auteur dont le Mémoire sera au jugement de
« l'académie, le plus approché du but du Programme, après celui qui aura
« remporté le premier prix
« Et celui de 2000# à l'auteur du Mémoire qui aura mérité

~~il le trouveroit suffisant ...~~
~~il le sujet proposé ...~~
il seroit applicable à des travaux de [illegible]

Noms de MM. les Commissaires
Borda
Bossut
Coulomb
Monge
Perier

Second Prix pour l'année 1788 il sera triplé c'est à dire de 6000# sur cette question :

De la Théorie des assurances maritimes

Noms de MM. les Commissaires
~~[illegible]~~
Bossut
Bory
Pingré
de Condorcet

N.a D'après l'arrangement proposé en 1777 chaque classe de physique devait proposer successivement un prix de deux ans en deux ans.

La classe d'anatomie l'a proposé	en 1777.	ce prix n'a pas été donné
La classe de botanique	en 1779.	le prix a été donné en 1784.
La classe de chimie	en 1781	le prix n'a pas été donné ni reproposé.
La classe d'anatomie	en 1783	le sujet n'a été proposé qu'une fois 1786.

C'est la classe de botanique pour la 2e fois, [illegible] cette année la classe d'histoire naturelle

---

Prix proposé par M. de la Borde de [illegible] commissaires.

M. le Chevalier de Borda, de Bory, de Laplace et Monge.

Lavoisier

Prix

n° 734 — (prix Neslay) — L'Ensemble (6 pages) ~~premières pages~~

Prix fondé par M.r Rouillé de Meslay

ancien Conseiller au Parlement.

Le fonds de ce prix est composé de trois rentes, dont deux ont été léguées à l'Académie par M.r Rouillé de Meslay par son testament du 12 mars 171[illegible]

La première de ces rentes, au principal de 100,000.[#] était, par année, à l'époque de la donation, de ——— 4,000

La seconde, au principal de 25,000.[#] était de ——— 1,000.

L'Académie ayant éprouvé des difficultés pour la délivrance du legs, et le testament ayant été attaqué par M.r Rouillé de Meslay fils, il en est résulté un procès, porté d'abord aux Requêtes de l'hôtel, puis au Parlement ; et enfin il est intervenu le 6 septembre 1718 arrêt définitif qui met l'académie en possession des rentes, à compter du premier juillet 1715.

Des difficultés d'un autre genre ayant retardé la proposition du prix, et le premier proposé n'ayant pu être proclamé qu'en 1720, l'académie duement autorisée par le Parlement, a employé l'accumulation des rentes en augmentation de Capital, et elle a acquis moyennant une somme de 25,000.[#] une nouvelle rente de ——— 1,000.

Ensorte que la totalité des sommes destinées aux prix s'est trouvée de 6,000.

Toutes les pièces de cette affaire sont dans les archives de l'académie et font partie du petit nombre de celles qui lui ont été transmises par les héritiers de M.r Tillet

Le testament de M.r Rouillé de Meslay ne présentant pas des idées bien nettes sur l'objet qu'il avait eu en vue dans la fondation de deux prix destinés à accélérer le progrès des Sciences et l'académie n'ayant pas cru qu'il lui appartint d'interpréter les intentions du testateur, elle a soumis régulièrement à l'homologation du Parlement toutes les délibérations qu'elle a prises à cet égard. C'est ainsi que sa délibération du 7 janvier 1719 a été homologuée par arrêt du 7 mars suivant.

L'Académie a même porté l'attention jusqu'au point de faire approuver par le Parlement le premier Programme qu'elle a publié pour la proposition du prix. L'arrêt d'homologation est du 19 mars 1719 et le programme fut distribué, en conséquence, à la Séance de Pâques suivante.

De nouvelles difficultés s'élevèrent en 1723 à l'occasion de ce même prix : Les rentes furent réduites du denier 25 au denier 40 ; ensorte que les 6000₶ de rentes de la fondation se trouvèrent réduites à 3750₶. L'académie, conformément à la loi qu'elle s'étoit imposée, présenta requête au Parlement et il intervint d'abord un premier arrêt qui ordonna qu'avant de faire droit l'académie donneroit son avis sur ce qui lui paroîtroit le plus convenable pour l'emploi et la répartition des 3750₶.

La chose fut discutée dans un grand nombre de séances de l'académie, et enfin le 18 avril 1723 il fut pris une délibération par laquelle l'Académie, après avoir entendu le résumé fait par Mr Bignon son président, de l'état de la question et des différens [avis] qui avoient été faits, a été d'avis que ce qui paroissoit le mieux convenir pour l'intérêt des sciences et pour satisfaire, autant qu'il étoit possible, aux intentions du fondateur, étoit de proposer chaque année à la séance publique de pâques, à commencer de celle de pâques 1724, deux prix ; le premier pour les années paires de 2500₶ ; le second pour les années impaires de 2000₶ seulement ; que le surplus de la rente montant pour les années paires à 1250₶ et pour les autres à 1750₶, seroit partagé entre le secrétaire perpétuel de l'académie et les commissaires juges du prix ; la portion du secrétaire devant être de moitié, conformément aux intentions formellement exprimées dans le testament de Mr de Meslay

Cette délibération a été homologuée par arrêt du Parlement du 31 août 1723.

Depuis cette époque l'académie a continué de proposer régulièrement de deux années l'une et à ce qu'il paroît, pour les années paires, un prix de 2500₶ sur le système du monde et en général sur l'astronomie physique ; et pour les années impaires un prix de 2000₶ sur des objets relatifs à la navigation et au commerce. Quand ce prix n'étoit pas adjugé à l'époque indiquée il étoit remis et doublé.

Enfin en 1771 les rentes ayant été assujéties à la retenue d'un quinzième, celles de l'académie se trouvèrent encore réduites de 3750 à 3500₶. En conséquence le prix d'astronomie physique a été réduit à commencer de 1772, à 2000₶ comme celui relatif à la navigation et au commerce ; la somme à partager entre le secrétaire et les commissaires du prix se trouva, par ce moyen, de 1500₶ par an.

Les choses étaient dans cet état, lorsqu'en 1777 les Commissaires des prix témoignerent à l'Académie leur répugnance de partager entre eux une somme pour le jugement du prix; ils remirent les 750.# à l'académie et il en fut fait un fonds de 1500.# tous les deux ans pour un prix de Physique qui devait être proposé à tour de role par chacune des classes de l'Académie. Mr. de fouchy Secrétaire, auquel l'état de sa fortune ne permettait pas de faire de ces sacrifices, a continué à jouir jusqu'à sa mort de cette somme, et depuis elle est restée sans destination entre les mains du Trésorier.

D'après ces détails et les recherches qu'on a faites dans le recueil des pieces qui ont remporté les prix insérées dans les volumes de l'académie et dans les programmes des prix, autant qu'on a pu se les procurer, on est parvenu à former l'état ci après et à établir ainsi qu'il suit le compte général des grands prix de l'académie fondés par Mr. de Meslay

La Recette monte, d'après l'état de l'autre part, depuis l'époque de la fondation jusqu'au 1er. janvier 1791 à		271,250.#
La Dépense à		245,000.
Différence		26,250.
Sur cette somme il faut déduire		
1°. Celle de 750.# par an pendant 13 années, abandonnée par les Commissaires des prix pour former le fonds d'un prix de physique, laquelle somme doit être portée en dépense au compte des grands prix et en Recette à celui du prix de Physique ci pour les treize années	9,750.	12,750.
2°. Celle de 3000.# reservée sur celle de 6000.# montant du prix dont la moitié a été distribuée en 1787, pour l'auteur de tables d'assurances maritimes, qui ne s'est pas encore présenté, ci	3,000.	
Ainsi il devrait Rester de disponible		13,500.

Il est à observer que ce résultat ne cadre pas avec celui que présente le compte rendu à l'académie par la Succession de Mr. Tillet

Suivant ce compte il restait dans la Caisse de l'académie sur ce prix, la somme de		20,500.#
A quoi il convient d'ajouter une somme de 1500.# payée en 1780 à Mr. Quatremeré pour le prix qu'il a remporté sur le coton et qui doit être portée en dépense au compte du prix de physique		1,500.
		22,000
Sur quoi est à déduire :		
1° 13 années de la somme de 750.# qui doit être portée en recette au compte du prix de physique, en conséquence de l'abandon fait en 1777 par les commissaires du prix	9,750.#	15,750.
2° 3000.# réservées en faveur de l'auteur d'une table des assurances maritimes	3,000.	
3° Pour la moitié du prix adjugé à Mr. Gerlach en 1789 et payée depuis la mort de Mr. Tillet	1,000.	

qui ne s'est pas encore présenté, ci ——— 3,000.)

Ainsi il devrait Rester de disponible ——— 13,500.

Il est à observer que ce résultat ne cadre pas avec celui que présente le compte rendu à l'académie par la succession de Mr. Tillet.

Suivant ce compte il restait dans la Caisse de l'académie sur ce prix, la somme de ——— 20,500.

A quoi il convient d'ajouter une somme de 1500. payée en 1784. à Mr. quatremère pour le prix qu'il a remporté sur le coton et qui doit être portée en dépense au compte du prix de physique ——— 1,500.

22,000.

Sur quoi est à déduire:

1°. 13 années de la somme de 750. qui doit être portée en recette au compte du prix de physique, en conséquence de l'abandon fait en 1777 par les commissaires du prix — 9,750.

2°. 3000. réservées en faveur de l'auteur d'une table des assurances maritimes ——— 3,000.

3°. Pour la moitié du prix adjugés à Mr. Gerlacte en 1789 et payée depuis la mort de Mr. Tillet — 1,000.

4°. Pour le prix adjugé en 1792 en faveur de Mr. de Lambre ——— 2,000.

} 15,750.

Ainsi sauf ce qu'il y a de rentes échues, lesquelles sont affectées aux prix proposés cette année, il ne reste réellement de disponible dans la Caisse de l'Académie, sur les fonds des grands prix que la somme de ——— 6,250.

Il est difficile d'expliquer la cause d'une différence aussi considérable. Ce que je puis assurer, c'est que les comptes de Mr. Tillet sont scrupuleusement exacts et qu'il a compté de toutes les sommes qu'il a reçues. L'erreur vient donc de plus haut. Il est probable qu'à l'époque des changements de Trésoriers le Comité de Trésorerie aura négligé de faire verser entre les mains du Tr. entrant, le restant des fonds destinés à l'acquittement des prix. Peut être aussi l'académie, dans des tems reculés aura t elle affecté quelque dépense particulière sur les fonds de ce prix. Les recherches que j'ai faites n'ont pu me procurer aucune connaissance à cet égard, attendu que les Trers. de l'académie qui ont précédé Mr. Tillet, n'ont jamais rendu de Comptes des fonds destinés aux prix.

L'académie n'aura plus à craindre de semblables erreurs d'après l'ordre de Comptabilité que le Comité de Trésorerie a établi par sa Délibération du 30 Mars, dont les dispositions sont déja exécutées./

État des Sommes reçues et dépensées pour les deux
Depuis le Premier Juillet

Échéances des rentes	Sommes touchées à chaque échéance	Années de la proposition des prix	Sujets proposés	Quotité des prix par Année
1er mai 1719	3000.			
Année 1720	6000.	1719	Sur le principe, la nature et la Communication du mouvement	2000.
Année 1721.	6000.	1719	Sur la meilleure manière de conserver en Mer l'égalité du mouvement d'une pendule	1500.
Année 1722.	6000.			
Année 1723	3750.	1719	Sur les Loix du mouvement communiqué par le choc — { Ce prix avait été annoncé pour 1721, il n'a été proclamé qu'en 1726 et dans l'intervalle il paraît avoir été grossi des années accumulées. }	2000
Année 1724.	3750.			
Année 1725.	3750.	1719.	{ Sur la manière de conserver à la Mer le mouvement des Clepsidres et des Sabliers } { Ce prix avait été annoncé pour 1721, mais il n'a été proclamé qu'en 1726. Il y a apparence qu'il a été grossi des années arriérées. }	1500.
	32,250.			7,000.
Année 1726.	3,750.	1725.	Sur la mâture des Vaisseaux	2,000.
Année 1727	3,750.	1726	Sur les Causes de la Pesanteur	2,500.
Année 1728.	3,750.	1727.	Sur la meilleure manière de déterminer la hauteur des astres à la Mer	2,000.
Année 1729	3750.	1728.	Sur le Système du Monde de Descartes	2,500.
Année 1730	3750.	1729.	Sur la meilleure manière d'observer en mer la déclinaison de la Boussole	2000
Année 1731.	3750.	1730.	Sur la Physique du Monde	2,500.
Année 1732	3,750.	1731.	Sur la meilleure manière de mesurer la route d'un Vaisseau	2,000.
Année 1733.	3,750.			
Année 1734.	3,750.	1733.	Sur les Ancres	2000.
Année 1735.	3,750.	1734.	Sur la propagation de la lumière	2,500.
Année 1736.	3750			
Année 1737.	3,750.	1736.	Sur la nature du feu et sur sa propagation	2500.
Année 1738.	3,750.			
Année 1739.	3750.	1737.	Sur le Cabestan	2,000.
Année 1740.	3750			
Année 1741.	3750.	1738.	Sur le flux et le reflux de la Mer	2,500.
Année 1742	3750.			
Année 1743.	3750.	1740.	Sur l'explication de l'attraction du fer par l'aimant et sur la cause de la Direct^on de l'aiguille aimantée	2500
Année 1744.	3750.			
Année 1745.	3750.	1741.	Sur la construction des boussoles d'inclinaison	2000
Année 1746.	3750.	1740.	Sur la meilleure manière de trouver l'heure à la Mer	2000
	111,000.			40,500

grands Prix fondés en 1715 par Mr. Rouillé de Meslay

1719 Jusqu'au Premier Janvier 1792.

Remises et Doublements		Années de la Proclamation des prix	Noms des auteurs couronnés	Sommes payées				Observations
Années des remises	Sommes ajoutées en doublement			aux Auteurs pour les prix adjugés	au Secrétaire	Aux Commissaires des prix	Total	
			M. M.					
—	—	1720.	Crousaz	2,000.	7,375.	7,375.		
—	—	1720.	Massy	1500.				
en 1721. en 1723. en 1725.	2000. 2000. 2000.	1726.	Mac Laurin Daniel Bernoulli Le Père Mazière	8,000				
en 1721 en 1723 en 1725.	1500. 1500. 1500.	1726.	Daniel Bernoulli	6,000.				
	10,500.			17,500.	7,375.	7,375.	32,250	
—	—	1727	Bouguer Camus	2,000.	875	875	3,750.	
—	—	1728.	Bulfinger	2500.	625	625	3,750	
—	—	1729.	Bouguer	2000	875	875	3,750.	
—	—	1730.	Jean Bernoulli	2500.	625	625	3,750.	
—	—	1731.	Bouguer	2000	875.	875	3,750.	
en 1732.	2,000.	1734	Jean Bernoulli Daniel Bernoulli	5000.	1250.	1250.	7,500.	
—	—	1733.	Le Mis Poleni	2000.	875.	875	3,750.	
en 1735.	2,000.	1737.	Jean Bernoulli Daniel Bernoulli Trésaguet Le Mis Poleni	4000.	1750.	1750	7,500.	
—	—	1736.	Jean Bernoulli	2500.	625	625.	3,750.	
—	—	1738.	Leonard Euler Le Père Lozeran du Fiesc Le Comte de Créqui Du Chatelet De Voltaire	2500.	625.	625.	3,750.	
en 1739	2000.	1741.	Jean Bernoulli fils Jean Poleni Ludot de Pontis	4000.	1750.	1750.	7,500.	
—	—	1740.	Daniel Bernoulli Mac Laurin Leonard Euler	2500.	625	625.	3,750.	
en 1742. en 1744	2500. 2500.	1746.	Daniel Bernoulli Leonard Euler Jean Bernoulli du Tour	7,500.	1875.	1875.	11,250.	
—	—	1743.	Daniel Bernoulli Leonard Euler	2000.	875	875.	3,750.	
en 1745.	2000.	1747.	Daniel Bernoulli Un inconnu	4000.	1750	1750.	7,500	
	24,000.			64,500.	23,250	23,250.	111,000.	

Échéances des Rentes	Sommes touchées à chaque échéance	Années de la proposition des prix	Sujets proposés	Quotité des prix par années
Report	111,000.			40,500.
Année 1747	3,750.	1746	La Théorie de Saturne et de Jupiter	2,500
Année 1748.	3,750.	1747.	La meilleure maniere de déterminer les courans à la Mer	2,000.
Année 1749	3,750.			
Année 1750.	3,750.	1748.	La Théorie de Saturne et de Jupiter	2500.
Année 1751.	3,750.	1751.	La maniere de suppléer à l'action du Vent sur les grands vaisseaux	2000.
Année 1752	3,750.			
Année 1753.	3,750.	1752	La Théorie des inégalités des Planetes occasionnées par la terre	2500.
Année 1754	3,750	1753.	Sur les moyens de diminuer le roulis et le tangage des Vaisseaux	2000.
Année 1755.	3,750.			
Année 1756.	3,750.	1755	Sur les moyens de diminuer le roulis et le tangage des vaisseaux	2000
Année 1757.	3,750.	1756.	Sur les Atmosphères des Planetes	2000
Année 1758.	3,750.			
Année 1759	3,750.	1757	Examen des efforts qu'ont à soutenir toutes les parties du Vaisseau, par le Roulis et le Tangage, et la meilleure maniere de donner de la solidité à ses assemblages	2000.
Année 1760	3,750.	1758.	Y a t il une altération dans le mouvement moyen des Planetes ?	2000
Année 1761.	3,750.			
Année 1762	3,750.	1759.	Sur la meilleure maniere de lester ou d'arrimer un Vaisseau	2000.
Année 1763.	3,750.	1760.	Sur la question de savoir si les Planetes se meuvent dans un fluide sensiblement resistant	2500.
Année 1764	3,750.			
Année 1765.	3,750	1761.	Sur l'arrimage des Vaisseaux de guerre et des Vaisseaux Marchands	2000.
Année 1766.	3,750.			
Année 1767	3,750.			
Année 1768.	3,750.	1762.	Sur les mouvem.ts de la lune; sur la question de savoir pourquoi elle présente toujours la même face	2500.
Année 1769.	3,750.	1764.	Sur les inégalités des Satellites de Jupiter	2500.
Année 1770.	3,750.			
Année 1771.	3,750	1765	Sur la meilleure maniere de mesurer le tems à la Mer	2000
Année 1772	3500.			
Année 1773.	3500.	1766.	Sur la théorie de la Lune et sur l'équation séculaire de son mouvement	2000.
Année 1774	3500.			
Année 1775.	3500.	1769	Sur la meilleure maniere de trouver l'heure à la mer	2000.
Année 1776.	3500.			
Année 1777.	3500	1772.	Sur differens points de la théorie de la Lune	2000.
Année 1778.	3500	1773.	Sur la fabrication et la suspension des aiguilles aimantées.	2000
Année 1779	3500			
Année 1780.	3500.	1774.	Théorie des Perturbations des Cometes par les planetes	2000.
Année 1781.	3500.			
Année 1782.	3500.	1777.	La théorie des Machines simples en ayant égard aux frottements de leurs parties et à la roideur des cordages	2000
Année 1783.	3500	1780.	Theorie de la Comete de 1661.	2000
Année 1784	3500.			
Année 1785.	3500.	1781	La Théorie des assurances maritimes	2000
Année 1786.	3500			
Année 1787.	3500.	1782	Determiner l'action de Jupiter et de Saturne sur les Cometes de 1532 et 1661	4000
Année 1788.	3500	1784	Sur la theorie de la résistance des fluides	2000
Année 1789.	3500.	1788.	Sur la théorie de la Planete d'Herschel	2000
Année 1790.	3500.	1790.	Theorie des inégalités des Satellites de Jupiter	2000
	271,250.			103,000.

Remises et doublements		Année de la Proclamation des prix	Noms des Auteurs Couronnés	Sommes payées				Observations
Année des remises	Sommes ajoutées en doublement			aux Auteurs pour les prix adjugés	au Secrétaire	Aux Commissaires des prix	Total	
—	24,000	—	MM.	64,500.	23,250	23,250	111,000.	
—	—	1748.	Euler	2,500.	625.	625.	3,750.	
en 1749.	2,000	1751.	Daniel Bernoulli	4,000.	1750.	1750.	7,500	
en 1750	2500	1752	Euler	5,000.	1250	1250.	7500.	
—	—	1753.	Daniel Bernoulli	2000.	875.	875.	3750.	
en 1754	2500	1756.	Euler	5000.	1250	1250	7500.	
—	—	1755.	Chauchat	2000	875.	875	3,750.	
—	—	1757	Daniel Bernoulli	2000.	875.	875.	3750.	
—	—	1758	Le Pere Frisy	2500	625.	625	3750.	
—	—	1759.	Euler Groignard	2000.	875.	875.	3,750.	
—	—	1760.	Charles Euler	2500.	625.	625.	3,750.	
—	—	1761.	Jean Albert Euler L'abbé Bossut	2000.	875.	875.	3750.	
—	—	1762.	L'abbé Bossut	2,500.	625	625	3750.	
en 1763.	2000.	1765.	L'abbé Bossut Bourde de Villehuet Groignard Un inconnu	4000.	1750.	1750.	7500.	
—	—	1764	de la Grange	2500.	625.	625	3750.	
—	—	1766.	de la Grange	2600.	625.	625.	3750.	
en 1767.	2000.	1769.	Le Roi l'aîné	4000.	1750	1750.	7500.	
en 1768	2500	1770.	Euler père — 1250 Euler fils — 1250	2500.	625	625	3750.	
en 1770.	2000.	1772.	Leonard Euler — 2250 La grange — 2250	4500.	1500.	1500.	7500	
en 1771.	2000.	1773	Le Roi	4000.	1500.	1500.	7000.	
—	—	1774	de la Grange	2000.	750.	750.	3500.	
en 1775.	2000	1777	Van Swinden — 1600 Coulomb — 1600 Magny — 800	4000.	1500	1500.	7000.	
en 1778	2000.	1780.	de la Grange	4000	1250.	.	5250	
en 1779	2000.	1781	Coulomb	4000.	1750.	—	5750.	
—	—	1782	Méchain	2000.	750.	—	2750.	
en 1783 en 1785	2000. 2000.	1787	de la Croix Bocquillet	3000.(1)	2250	—	5250.	(1) Les 3000# restant à distribuer ont été réservés pour l'auteur des tables d'assurance maritime
en 1786	2000.	(2)	—	—	1500.	—	1500.	(2) La question n'ayant point été résolue les 2000# sont restés à l'académie
en 1789.	2000.	1791.	Gerlach Rome	2000.(3)	—	—	2000.	(3) Les deux autres 1000# sont restés à l'académie
—	—	1790	L'abbé de Lambre	2000.	—	—	2000.	
—	—	1792	de Lambre	2000.	—	—	2000.	
—	58,000.	—	—	147,500.	52,500	45,000.	245,000.	

Lavoisier

Prix de physique de 1500

n° 735 —— 3 p

N°. 2.

735.

Prix de Physique de 1500#

qui devait être alternativement proposé par chaque Classe de Physique de l'Académie depuis 1777.

Le fonds destiné aux deux grands prix de l'Académie fondés en 1715 par M. Rouillé de Mestay, était originairement de 6000# par an : cette somme, d'après des retranchemens faits aux rentes a été réduite d'abord, en 1723 à 3750#, puis en 1772 à 3500#. En conséquence, pour se conformer, autant qu'il était possible, aux intentions du testateur et d'après des délibérations homologuées au Parlement, l'Académie distribuait chaque année un prix de 2000# alternativement sur des sujets relatifs à l'astronomie physique et sur des sujets relatifs au Commerce et à la Navigation. Il restait par conséquent chaque année une somme qui se partageait entre le Secrétaire et les Commissaires juges du prix. En 1777 les Commissaires du prix auxquels il répugnait de recevoir cette rétribution, firent remise à l'Académie de la somme qui leur revenait, c'est à dire 750# par an. M. de Fouchy alors Secrétaire, dont la fortune était dérangée, ne put pas faire le même sacrifice, et il a touché jusqu'à sa mort la somme annuelle de 750# sur la quittance de M. de Condorcet. Depuis la mort de M. de Fouchy, la somme est restée chaque année entre les mains du Trésorier. L'Académie aura à décider à qui ce fonds appartient.

Les 750# abandonnées par les Commissaires ont formé le fonds d'un prix de physique que chacune des classes physiques de l'académie devaient proposer tous les deux ans.

Le premier de ces prix a été proposé par la classe d'anatomie en 1777 pour 1779.

Il résulte de l'état ci-après qu'il a été proposé pour ce prix depuis 1777 sept sujets : savoir trois par la classe d'anatomie dont aucun n'a été donné

Trois par celle d'histoire naturelle dont un seul a été donné en 1781.

Un par celle de chimie qui n'a point été donné.

Les 13 années du fonds de 750# affectées à ce prix forment une recette de	9750#
Sur quoi il n'a été dépensé que	1500
Reste en réserve sur ce prix	8250

Etat des Sommes Reçues et Dépensées pour le P...

Sommes reçues		Années de la proposition des prix	Sujets Proposés	Quoti... des P... propo...
Année 1778	750	1777.	Exposition du sistême des Vaisseaux Limphatiques	12
Année 1779.	750.			
Année 1780.	750.	1779	Sur l'histoire naturelle du Coton et des Cotoniers.	10
Année 1781.	750.			
Année 1782	750.	1782.	Sur le Borax et le Sel Sédatif	15
Année 1783.	750.			
Année 1784.	750.	1784.	Description du Nerf intercostal dans l'homme	10
Année 1785.	750.			
Année 1786.	750.	1784.	Description du Nerf intercostal dans les animaux	10
Année 1787.	750.			
Année 1788.	750.	1785.	Sur la meilleure maniere d'étudier et de décrire la Minéralogie	10
Année 1789	750.			
Année 1790.	750.	1787.	Description des Mines de Charbon de terre et des phénomenes qu'elles présentent	10
	9750.			10,5

r le Prix de Physique fondé en 1777, depuis cette époque jusqu'au 1er Janvier 1792

	Quotité des Prix proposés	Remises et doublements — Années des remises	Remises et doublements — Sommes ajoutées en doublement	Années de la proclamation des Prix	Noms des Auteurs couronnés	Sommes payées aux auteurs pour les prix adjugés	Observations
					MM.		
—	1500.	1779 / 1781.	— „	— „	—	— „	Ce prix n'a pas été donné faute de Mémoires
—	1500.	1782.	— „	1784	Quatremer d'Isjonval	1500	
—	1500.	— „	— „	— „	—	— „	n'a pas été donné faute de Memoires jugés dignes
—	1500	1786.	— „	— „	—	— „	
	1500.	1786.	— „	— „	—	—	
—	1500.	— „	— „	— „	—	— „	Comme ci dessus. Le sujet a été abandonné
—	1500.	1789 / 1791.	1500	— „	—	— „	
	10,500		1500.			1500.	

Lavoisier

Prix de 600.

n° 536 — 1 p.

N° 3.

736

Prix de 600.# par an fondé par un inconnu en une Rente de pareille Somme sur le Clergé

L'Académie depuis le 1er. juin 1780 que la rente a commencé à courir à son profit jusqu'au 1er Janvier 1792 a touché une somme de —— 6350.# .. ..

Elle a dépensé sur ce prix

1°. pour remboursement fait à Mr. Alleaume Notaire ——	495	2295 .. ..
2°. Prix accordé à Mr. de Montgolfier pour les machines aerostatiques ——	600	
3°. A Mr. Meigné pour le prix relatif à la construction d'un quart de Cercle ——	600	
4°. A Mr. Mascagny pour la dissertation qu'il a faite sur les vaisseaux limphatiques	600	

Partant il reste en réserve sur ce prix la somme de —— 4055 .. ..

Lavoisier

Prix de 1.080

n° 737 — 31

N°. 1. 737

Prix de 1080.tt fondé par un Citoyen anonime en faveur d'un Mémoire ou d'une Expérience qui rende les opérations des Arts moins mal saines et moins dangereuses

Le fonds de ce prix est de 12000.tt qui ont été placées en rente viagere sur la tête du Roi et sur celle du Dauphin. Cette rente est de 1080.tt par an....

Le premier prix de ce genre a été proposé en 1782 pour 1783.

Il résulte de l'Etat ci après qu'il n'a encore été proposé pour ce prix que cinq sujets, dont deux avec un prix double. de ces cinq prix trois ont été remportés, savoir deux par Mr. Gosse d'une somme de 1080.tt chacun et un en faveur de MM. Pasquier et france, avec une somme de 2160.tt

La Recette de ce prix monte pour neuf années de la rente de 1080.tt à ——— 9.720 - - -

La Dépense	Pour les prix ———	4320 - -	5,387 - - 4.
	Pour valeur d'une médaille d'or remise à l'académie ———	1067 - - 4	
	Ce qui établit une réserve de ———		4332 - 19 8.

État des Sommes reçues et Dépensées pour le Prix fondé par u

Depuis l'année 1782. ju

Echéances de la rente	Sommes touchées par échéances	Année de la proposition des prix	Sujets proposés	Quotité des prix proposés
Année 1782	1080.	1782.	Sur les maladies des Doreurs sur métaux et sur les moyens de les en préserver	1080.
Année 1783.	1080.			
Année 1784	1080.	1783.	Sur les maladies des chapelliers, notamment sur celles qui résultent du secrétage &c.	1080.
Année 1785	1080.			
Année 1786.	1080.	1784.	Sur les maladies des ouvriers qui mettent au tain et sur les moyens de les en préserver	1080.
Année 1787.	1080.			
Année 1788.	1080.	1785.	Sur les maladies des Broyeurs de couleurs et sur les moyens de les en préserver	1080.
Année 1789	1080.			
Année 1790.	1080.	1789.	Sur la meilleure manière de vuider les fosses d'aisance	1080.
	9720.			5400

par un inconnu sur les maladies auxquelles sont exposés les ouvriers
782. jusqu'au 1er Janvier 1792.

…té …ix …ses	remises et doublements		Années de la proclamation des prix	Noms des auteurs couronnés	Sommes payées aux Auteurs pour les prix adjugés	Observations
	Années des Remises	Sommes ajoutées en doublement				
0.	—— "	—— "	1783.	Mr. henri albert Gosse	1080.	
0.	1784.	—— "	1786	Mr. Gosse. ——	1080	
0.	—— "	—— "	—— "	——	—— "	Ce prix n'a point été adjugé.
0.	1787.	1080.	1789	{ Mr. Pasquier 1080. Mr. de france 1080	} 2160	
0.	1791.	1080.				
0		2160.			3240.	

Lavoisier

Prix de 1.080 fr

n° 738 —— 3/.

N° 5. 738

Prix annuel de 1080# fondé par un Citoyen inconnu en faveur d'un Mémoire soutenu d'Expériences qui tendra à simplifier les procédés de quelqu'Art Mécanique.

Le fonds de ce prix est de 12,000# qui ont été placés sur la tête du Roi en une rente viagere de 1080#.

Le premier prix provenant de cette fondation a été proposé en 1782 pour 1784.

Il résulte de l'Etat ci après qu'il n'a encore été proposé pour ce prix que trois sujets dont deux avec un prix double.

La Recette pour le compte de ce prix s'eleve, pour 8 années de la rente de 1080# à ——— 8640# " "

La dépense	Pour les prix à ———	5400 " "	6,467 " 4
	Pour une médaille d'or restée à l'academie	1067 " 4	

Ce qui établit une réserve de ——— 2,172 – 19 – 8

Etat des Sommes reçues et Dépensées pour le Prix fon[...]

Depuis l'année 1782. jus[...]

Echéances de la rente	Sommes touchées par echéances	Année de la proposition des prix	Sujets proposés
Année 1783.	1080.		
Année 1784	1080.	1782.	Sur la Construction des Moulins à Eau et sur les moyens de les perfectionner ______
Année 1786.	1080.		
Année 1786.	1080.		
Année 1787.	1080.	1785.	Sur la maniere la plus avantageuse de distribuer un volume donné d'eau entre les quartiers d'une grande Ville.
Année 1788.	1080.		
Année 1789.	1080.	1789.	Sur les Ecluses soit pour les Canaux navigables soit pour les ports de Mer ______
Année 1790.	1080.		
	8640.		

fondé par un inconnu sur la Simplification des arts mécaniques,

2. jusqu'au 1er Janvier 1792.

	Quotité des prix proposés	Remises et Doublements		Année de la proclamation des prix	Noms des Auteurs Couronnés	Sommes payées aux Auteurs pour les prix adjugés	Observations.
		Années des remises	Sommes ajoutées en doublement				
—	1080.	1785	—	1785	Mr. Brandy —	1080.	
Ville	1080.	1787	1080.	1789	Mr Gondouin des Luais	2160.	
—	1080.	1790.	1080.	1792.	Mr. Girard —	2160.	
	3240.		2160.			5400	

Lavoisier

Prix annuel de 1863, 18
(Prix de Montyon)

n° 739 — 3 p.

N.° 6.

(3)

Prix annuel de 863.# 18

fondé par M.r de Montigny.

Les fonds destinés à ce prix consistent en une rente perpétuelle sur l'Etat de 863.# 18.s 4.d

Le premier prix proposé par l'Académie, en conformité des intentions du testateur a été proposé en 1783 pour 1785.

Il résulte de l'Etat ci-après que ce prix n'a été encore proposé que deux fois; la premiere avec doublement; mais il n'a point été donné faute de pieces.

L'Académie a reçu pour ce prix neuf années de la rente de 863.# 18.s montant ensemble à — 7775 – 2 – "

Elle a dépensé en coin et médailles qui lui restent — 1715 – 13 – "

Ainsi elle a en réserve — 6059 – 9 – "

Etat des Sommes reçues et Dépensées pour le Prix fondé

Années de l'échéance des Rentes	Sommes touchées par échéance	Année de la proposition du prix	Sujets proposés	Q… de… pr…
Année 1782	863. 18			
Année 1783	863. 18			
Année 1784	863. 18			
Année 1785	863. 18.	1783.	Analise de la Garance et de la Cochenille comparées avec le fernambouc et le Campeche &c.ª	6
Année 1786	863. 18			
Année 1787	863. 18.	1792.	Theorie de l'art du Tannage	6
Année 1788	863. 18.			
Année 1789	863. 18			
Année 1790.	863. 18			
	7776. 2			

fondé par Mr. de Montigny, depuis l'année 1783 jusqu'au 1er Janvier 1792.

	Quotité des prix proposés	Remises et Doublements: Années des Remises	Remises et Doublements: Sommes ajoutées au doublement	Année de la proclamation des prix	Noms des auteurs Couronnés	Sommes payées aux auteurs pour les prix adjugés	Observations
1. —	600.	en 1785 / en 1786.	600. / "	— "	—	— "	Ce prix n'a point été donné faute de pièces
—	600.						
	—		—			—	

Lavoisier

Prix annuel de 1.200 f

n° 740 — 3 p.

N° 7.

74

Prix annuel de 1200.#

fondé par Mr. l'abbé Raynal, et dont le sujet est au choix de l'Académie.

Le fonds de ce prix est formé par une rente perpétuelle de 1200# sur l'état dont Mr. l'abbé Raynal a fait le fonds en 1788.

C'est en 1789 que ce prix a été proposé pour la premiere fois et il a été doublé en 1790 à l'époque à laquelle il devait être distribué.

Il a été proposé pour la seconde fois en 1791 et doublé en 1792.

L'Académie au premier janvier 1792 avait touché trois années de ce prix, c'est à dire —— 3600.#

Elle a donné sur cette somme 2400# à Mr. Richer en 1791. Ainsi il existe sur ce prix une reserve de 1200.#

État des Sommes reçues et dépensées pour le Prix fondé ;

Échéances de la rente.	Sommes touchées par échéances	Année de la proposition des prix.	Sujets proposés.	Quoti… des p… propo…
Année 1788	1200.	1789.	Sur la manière de trouver les Longitudes en Mer, d'après la Distance apparente des Astres, par une méthode à la portée des Navigateurs	12
Année 1789	1200.			
Année 1790.	1200.	1790.	Méthode pour trouver la latitude en Mer autrement que par la détermination méridienne d'un Astre.	12
	3600.			24

fondé par Mr. l'abbé Raynal depuis l'année 1789 jusqu'au 1er Janvier 1792.

Quotité des prix proposés	Remises et doublements		Années de la proclamation des prix	Noms des auteurs couronnés	Sommes payées aux auteurs pour les prix adjugés	Observations
	Années des remises	Sommes ajoutées en doublement				
1200.	1790	1200	1791.	Mr Richer	2400	
1200.	1792	1200.				
2400.		2400.				

Lavoisier

n° 86 7 (Rapport sur les jetons) 8 p

957 a2

Rapport

Le decret de l'assemblée nationale du 4 cour[an]t 1790 accorde a l'academie pour ses jettons une somme de 12810# 10s. representant ~~222~~ marcs d'argent a 57# 15s. 6d. le marc

~~car~~ ~~dans~~ L'academie est comprise ~~dans~~ pour cette somme dans l'état des depenses publiques ~~de~~ decreté en mars ~~mars~~ par l'assemblée nationale le 18 janvier 1791.

L'academie n'a donc plus comme autrefois des jettons ~~en~~ en nature a repartir, elle a une somme equivalente en argent mais cette somme ayant ~~a été~~ été calculée sur le pied de 57# 15 le marc d'argent tandis qu'il ~~lequel~~ vaut aujourd'hui 75# l'once donc elle peut ~~ni bien~~ non plus aujourd'hui disposer ~~ni~~ ~~trouver~~ d'une ~~par~~ suffisance pour se procurer le meme nombre de jettons dont elle jouissoit. Si donc elle ~~persiste~~ ~~a la repartir des jettons en nature~~

l'intention de l'Académie, ainsi que que les jetons continuassent à lui être distribués en nature, il faudrait ou qu'elle diminuât le nombre affecté à chaque séance ou qu'elle se procurât un fonds extraordinaire pour compléter le déficit occasionné par l'augmentation du prix de l'argent.

Le comité de trésorerie convient avec les auteurs de chaque classe a déjà fait [illegible] à chaque séance particulière et il a pensé que tant que le prix du marc d'argent serait au-dessus de 54# 13 s il serait difficile de continuer la distribution des jetons en nature et il lui a paru que le parti le plus simple et le plus analogue aux circonstances serait de répartir en argent en raison de [illegible] de conduite la somme représentative des jetons. Mais cette répartition

867

++ il est singulier le comité de trésorerie [illegible] soumettre a l'academie quelques reflexions.

+ ~~a l'academie~~

+ en tout 82 membres

peut être fait de plusieurs manieres ++ ~~ce comité de trésorerie a ce qu'il etoit [illegible] soumettre quelques details~~ propre a preparer sa decision.

Lorsque l'academie a obtenu son l'ministre de ~~[illegible]~~ Breteuil un supplement de fonds pour ses jettons et que la distribution qui etoit concentrée entre les seuls pensionnaires a eté etendue a toute l'academie il y avoit + honoraires pensionnaires associés et ... compris la quantité de ~~[illegible]~~ jettons fut en consequence reglée a 82 ~~Somme des [illegible] aux jettons fut donc [illegible] a 82 jettons par~~ par chaque seance on supposoit que dans une année academique complette il y auroit 84 seances calcul en ~~[illegible]~~ tout 6888 jettons ~~qui forment~~ ~~[illegible]~~ par qu'il formerent [illegible] a ~~[illegible]~~ 222 ++ ~~marcs la quantité~~ ~~[illegible]~~

+++ marcs sur cette quantité la monnoye des medailles continuoit d'en fournir directement 123 marcs, ~~l'academie se pourvoyoit~~ l'excedent se pourvoyoit comme il a toujours ~~[illegible]~~ a propos ~~de~~ 79 autres

++ medailles ne fournit plus des jettons et que l'assemblée nationale a fixé une somme representative du 222 marcs a raison de 57# 15 ~~livres~~ le marc chaque jetton

~~+ provisoirement et jusqu'a ce que~~ le prix du marc des ~~matieres~~ se soit rapproché de 57# 15 la proposition que lui fait le comité de tresorerie

~~+++~~ devoient se distribuer manuellement a chaque séance et un jetton ne pouvant se fractionner on avoit été forcé de faire ~~double distribution~~ sur la séance suivante le reste de ~~toute la~~ ~~fonds~~ les jettons non repartis et la quantité pouvoit s'élever jusqu'au nombre des academiciens presens moins un

Depuis que ~~la monnoie~~ la monnoye des ++

~~Depuis la paix fixé par l'academie l'assemblée nationale pour les années 1790 [illegible] a 57# 15 le marc~~

chaque jetton represente pour les academiciens a très peu pres 1# 17s 3d.

~~on~~ en sorte que la somme a ~~repar~~ repartir par chaque séance est de 152# 14.

En supposant que l'academie adopte + ~~en supposant que vous adoptiez la~~ ~~proposition~~ de repartir cette somme en écus des [illegible] membres presens a l'academie il naît une question sur la forme dans laquelle sera faite ~~cette~~ la repartition

~~autrefois~~ les jettons +++ ~~autrefois~~ l'inconvenient de ne pouvoir se diviser et en [illegible] un [illegible] d'en [illegible] de repartir le nombre de jettons entre les presens a été fait pour la séance suivante le reste des jettons qui n'avoit pu ~~etre possible de partager~~. il en resultoit que le nombre de jettons pouvoit varier depuis un jusque trois. Sans supposer meme un tiers

+ ce qui établiroit ~~une grande~~ inegalité ~~dans laquelle il y avoit du hasard~~. ce seroit ~~un~~ une sorte de hasard qui pourroit être ~~favorable ou~~ favorable ou defavorable a ceux qui les circonstances forceroient de s'absenter mais puisqu'aujourd'hui les circonstances ~~forcent l'academie~~ a substituer a une monoye indivisible une autre susceptible de toute sorte de division ne convient il pas de faire la division de la

grande difference entre le nombre des academiciens presens. + ~~[illegible]~~ a une monoye qui n'etoit pas divisible ~~on substituoit~~ puisque les circonstances obligent a leur substituer une monoye plus divisible il paroit convenable d'en adopter ~~les avantages et de repartir~~ la somme attribuée a chaque seance non en livres sols et deniers division barbare que l'academie nouvelle a deliberé mais ~~[illegible]~~ en centiemes de livres ~~en en~~ en negligeant les fractions au dela.

La distribution de la somme ~~[illegible]~~ qui reviendroit a chacun pourroit se faire deux fois l'année en assignats ~~a la~~ a la seconde seance apres les vacances de Paques et apres les grandes vacances.

Pour ne rien laisser a desirer a l'Academie sur cet objet le comité de tresorerie doit lui observera encore que le nombre des jettons accordés à l'académie a été calculé dans la supposition qu'il y a 84 séances par an, or leur nombre n'excède pas 80 et le plus souvent il ne va pas au delà de 78. les jettons attribués aux séances manquantes étoient réservés pour les savans de l'académie lorsqu'il y en avoit été réservé. on pourroit donc sans inconvénient élever de quelque chose la somme à répartir dans chaque séance et la porter à une somme ronde de 156 ou même de 162, et ces sommes seroient d'une division plus commode.

Si l'académie adopte les propositions la répartition de la somme destinée aux jettons sera faite d'après les bases [illegible].

Dernière proposition

celle de repartir la somme affectée
a chaque seance sans egard pour celles,
le nombre des ~~seances~~ jettons qu'elles
representent ne pouvoit l'etre pour
pour 1792. ~~eu~~ a l'egard des jettons,
de 1791 comme le nombre en a été
arrêté arrêté pour chaque seance,
dans la forme ordinaire il ne
ne pourra changer les ~~listes~~ listes
qu'on a ~~[illegible]~~ signées et calculées ~~dans chaque~~
~~seance il ne paroit y avoir a repartir~~
~~a chaque [illegible]~~
~~somme de 37 sols 3 deniers~~
~~multipliés par le nombre de jettons~~
~~auquel il a droit.~~
Il paroit convenable de ~~calculer~~
~~[illegible]~~ faire comme
a l'ordinaire ~~[illegible]~~ la supputation
du nombre de jettons ~~[illegible]~~ auquel
a chaque academicien ~~a droit~~
a droit et de le multiplier
par 37s 3 deniers, le resultat
donnera le montant de ce qui
doit lui revenir en assignats.
La Comité de Tresorerie propose

en conséquence à l'endemain de
prendre ~~[illegible]~~ la délibération
cy après.

Lavoisier.

p° 868 (Lettre de la main de Lavoisier) 2 p.
du 28 - 2 - 1792

Du 28 fevrier 1792.

MM. Jeaurat directeur de l'academie, Lavoisier tresorier et de Jussieu sous directeur nommés commissaires par deliberation de la ditte academie pour assister a la levée des scellés de M. Tillet cy devant tresorier, se sont transportés le 28 fevrier a quatre heures apres midy au domicile de feu M. Tillet ainsy qu'ils y avoient eté invités par M. de Matha son neveu et heritier et chargé de la procuration de ses deux freres.

Il a eté convenu que pour eviter des frais et pour supprimer toute formalité inutile M. le juge de paix seroit prié de lever les scellés de faire une perquisition des effets appartenant a l'academie de les remettre a M. Lavoisier tresorier qui s'en chargeroit tous les titres papiers enregistrés en especes et a M. de Matha toutes les pieces de comptabilité que les scellés seroient ensuite

manière d'opérer de la formation du

+ en présence [illegible] des juges de paix, des commissaires, et de M. de Chastre

et après que les commissaires et M. de Chastre se sont transportés à l'académie à l'effet d'y reconnaître les effets et espèces déposés dans l'armoire du trésorier il a été fait de tout un descriptif sommaire double sous seing privé dont la copie est ci-après

époque à laquelle on a espéré que le compte de M. de Chastre pourrait être proposé et conclu.

exposés que M. de Chastre muni de toutes les pièces ### le compte général de la gestion de M. Millet depuis la retraite de M. de Buffon qui l'avoit précédé dans la place de trésorier enfin qu'considérant que le compte déposé [illegible] rien ne s'opposeroit à ce que [illegible] fut donné de l'opposition faite à la levée des scellés de M. Millet.

La dite perquisition ayant été faite + sur les indications de M. Renaud parents du défunt et de M. Lucas trésorier de l'académie ## il en a été fait un descriptif sommaire entre les commissaires de l'académie et M. de Chastre double sous seing privé dont la copie est ci-après.

Étant ensuite convenu de la forme de déclaration qu'il [illegible] ne manqua de proposer à l'académie à l'effet d'autoriser les commissaires à [illegible] avec M. de Chastre ou s'il y a examiné [illegible] ###

État [illegible]

Lavoisier

n° 869 (Etat des sommes qui sont accordées) 2 p.

869 ai

État des Sommes qui sont accordées annuellement à l'Académie des Sciences

1° Celle de 54000 pour les Pensions dont les années 1789 et 1790 restent dûes.

2° Celle de 12000 pour frais d'Instrumens et Voyages dont les années 1787 1788 1789 et 1790 sont dûes à l'exception de 6000 qui ont été payées sur ces quatre années.

Unité 3° une pareille somme de 12000.# pour ses dépenses courantes laquelle est ordinairement payée au commencement de chaque année

Il n'a été payé que 9000 sur cette somme pour l'année 1790. Il est encore dû depuis 3000 pour 1790.

4° une somme de 11700 tant pour le supplément des jetons montant à 4562.# 5. et le remplacement du 9.me des pensions qui est de 5700.# que pour un supplement aux dépenses courantes de l'Académie montant à 1437.# 15. il faut observer que l'ordonnance ne doit plus être que de 11400# parceque le Rme de la Pension du Trésorier montant à 300# ne doit plus avoir lieu attendu que les 3000# de pension de ces officiers font actuellement partie de l'Etat général des pensions de l'Académie et que le Total des dépenses ne doit plus être que de 5400#. Le Ministre de Paris a été prévenu sur ce retranchement à faire de 300# dans l'ordonnance de 11700#.

Cette somme est aussi payée au commencement de chaque année parcequ'elle est relative à des objets qui ont lieu régulièrement chaque année; aussi cette dernière somme a-t-elle été payée au commencement de 1790.

Lavoisier

(n° 825) Mémoire sur les Académies et Stés savantes) ———— 4 p.

Académie des Sciences.

875

Fonds dont jouissaient en vertu du décret du 20 août 1790 les différents établissements qui leur avaient été précédemment accordés par le Roi.

Enregistré le 11 juillet 1792.

Mémoire.

Les académies et sociétés scientifiques ~~jouissaient de différentes allocations qui leur ont été accordées~~ par décret ~~précédemment~~ du 20 août 1790 ~~et dont elles ont joui jusqu'à ce jour~~.

Le décret s'explique ainsi art. 1er.

Il sera payé à l'Académie des Sciences pour le présent année par le trésor la somme de — — 93458# 10.

[illegible]

Les mêmes sommes ont été décrétées en mars pour l'année 1791 ~~en mars pour 1792~~ et provisoirement pour les six premiers mois 1792.

Le payement de ces sommes s'effectue à la trésorerie nationale savoir les pensions sur la quittance individuelle de ceux qui ont droit de les toucher, et les autres objets de dépense sur la quittance individuelle du trésorier des académies, ou sociétés, comme de raison, sur les pièces justificatives du payement de leurs contributions publiques, de leurs impositions, de leur résidence habituelle dans le Royaume.

Aujourd'hui le payeur des dépenses diverses de la trésorerie nationale élève une difficulté pour le payement des six premiers mois 1792. Il a opposé aux membres des académies la loi qui défend à la même personne de jouir de plusieurs pensions ou traitements.

L'académie des sciences a observé sur ces difficultés que les attributions accordées aux membres des compagnies savantes ne doivent pas être regardées comme des pensions proprement dites qu'elles n'avaient jamais été comprises dans cette classe ni dans les comptes rendus par les ministres des finances ni dans les états de dépenses arrêtés par l'assemblée nationale, qu'elles ne sont point accordées à l'individu mais à la place, à la différence des pensions qui par leur essence

+++ enfin il n'a manqué [illegible] que les fonds
accordés aux académies comme dans
un état de paix, qui est une
sorte de dotation

Le payement des dépenses diverses n'ayant
pu être fourni [illegible] à l'observation
les académies des
sciences et beaux-arts obligées de recourir
à l'autorité de l'assemblée nationale
[illegible] déjà bien des
marques de protection et de confiance
[illegible] l'effet d'obtenir d'elle une
interprétation de la loi qui défend
de cumuler plusieurs traitements
ou pensions, son application
rigoureuse à cette loi entraînerait
la destruction des
académies des sciences et des autres
sociétés savantes sur lesquelles l'assemblée
nationale semble avoir reposé ses
espérances pour fonder une éducation
publique nationale. Il n'est en
effet presque aucun membre de ces sociétés

bienveillance personnelle, et peu d'entre eux
avec elle +++ sont
à un corps avec abandon de leurs fonctions
durement exigées
aux membres que la ++++
Par la loi entière pourrait-on
vouloir faire + rigoureuse
de la loi qui défend de cumuler
plusieurs traitements et plusieurs
pensions le sort de leurs entier
en campagnes s'allier en
progrès des arts et ceux qui ont illustré
la nation française dans les pays
étrangers (

qui ne soit en
même temps fonctionnaire public et
attaché à un autre état
dans la société; plusieurs sont commissaires
des monnaies, quelques-uns sont attachés
au corps du génie et de l'artillerie
sous le nom d'officiers, sous le nom
examinateurs, un grand nombre
sont attachés à l'observatoire
comme astronomes, au jardin des
plantes ++ comme professeurs.

++ ou au collège royal

et démonstrations, soit que ces places soient incompatibles, + personne ne voudrait se charger de remplir les fonctions pénibles de professeur et de démonstrateur dans les appointemens s'il fallait en sacrifier le traitement académique ; les places de professeur resteraient donc vacantes ou les académies seraient désertes. ++

Ce n'est pas dans un moment où l'assemblée nationale s'occupe des moyens de rendre les académies plus utiles en les attachant à l'instruction publique qu'il convient de séparer ce qu'on veut réunir en obligeant les académiciens d'opter entre les places de l'académie et celles de professeurs.

+ avec l'idée d'académies en plusieurs règlemens à contredire les attributions académiques, et ne permettent pas qu'elles soient exercées par d'autres que par des membres choisis dans leur sein. il est évident que

++ on gagnerait à l'instruction publique et au progrès des connaissances humaines. ce n'est pas le moment où l'assemblée nationale s'occupe d'organiser les sociétés savantes qu'elle voudrait choisir pour introduire une innovation dont elle serait le détail. L'académie des sciences espère donc que l'assemblée voudra bien [illegible] qui excepte les attributions accordées aux académies de l'application de la loi du 22 aout 1790 qui défend de payer plusieurs traitemens à la même personne.

Lavoisier

n° 873 (notes prises aux séances) 6 p (sauf page de titre non photographiée)

—

87[3]

Notes prises aux séances de l'académie des sciences

—

823

27 avril

Proclamation du pouvoir executif portant que considerant tous les avantages qui doivent resulter de la reunion des mesures et combien il importe que ce grand ouvrage soit termine le plus promptement possible il en recommande a tous les corps administratifs et municipaux dans les lieux desquels les commissaires de l'academie et leurs cooperateurs seront dans le cas de proceder a leurs operations de veiller a ce qu'ils ne soient nullement inquietes et de les seconder de tout leur pouvoir.

Le ministre de la guerre a ecrit une lettre analogue aux generaux et commiss. des frontieres.

Notte dite du marché de la Rouncer a un echantillon de Lyon en lieu gelant qui a deplacé la pate du papier.

M 11 may

M Prony a lu un memoire sur les proprietes geometriques des spirales et helices.

Lu 17 may

Les citoyens Le Roy, Borda et Coulomb ont rendu compte de l'examen qu'ils ont fait d'un nouveau canon inventé par le C. Le Vayer sur lequel le ministre

de la manière à Conseil l'académie la blanchir malgré les inconvénients présents des avantages, plusieurs les commissaires ajoutent que l'auteur mérite beaucoup d'éloges pour la solution au moyen ingénieux qu'il a imaginé pour la ventilation de la cervoise.

Mémoire de cit. Deyeux sur l'analyse de la noix de galle et de l'acide gallique végétaux les cit. Fourcroy et Berthollet en ont rendu un compte avantageux.

Rapport de Courray. D'après Plumier le célèbre botaniste pendant son voyage aux Antilles a dessiné et décrit 970 plantes dont les dessins et descriptions sont dans les portefeuilles de l'académie. 278 de ces descriptions ont été publiées par l'auteur au commencement de ce siècle. Burmann professeur à Leyde en a fait graver 217 sans description. 100 de ces plantes n'ont jamais été publiées et 80 sont encore entièrement inconnues.

L'académie a arrêté de destiner une portion des fonds qu'elle doit à la munificence nationale pour être employés en expériences et instructions d'ouvrage, la publication des manuscrits et dessins de ce personnage en se reduisant aux planches non données ou maltraitées par les auteurs. il en resultera un volume in folio enrichi d'environ de 80 planches

29 may

M. Dangos dans une lettre de M. Delalande annonce avoir decouvert le 17 may sur la tête ~~de la~~ de la Baleine une Comete

M. Piazzi astronome de Palerme a observé dans la ~~lune~~ lune avec un telescope d'herschel qui grossit 800 fois un point lumineux dans la partie obscure de la lune dans la partie nommée aristarque il pense que c'est un volcan dans la ~~lune~~ lune

Memoire de Vauquelin sur le [illegible]

Rapport de Berthollet Bossut ~~Bordes~~ Borda sur un moyen d'empecher les vaisseaux de sanguer ~~preferable a celui~~ par le citoyen Annelly ingenieur et sur un cadre a établir au gaillard pour preserver les vaisseaux de la piqure des insectes les commissaires pensent que les

moyens employés par les constructeurs
sont préférables à ceux proposés ;
le [illegible] est plus
cher que le goudron ne pénètre pas
le bois et l'ancienne [illegible] se caille
et se détache.

1er juin

M. Le Roy a lu une lettre du
citoyen Bernard membre du directoire
du [illegible] de district de [illegible]
sur le marché de Narbonne en été
et en hiver les variations ne sont
que des [illegible] en été et
qu'en hiver il faut varier le
moment d'adapter deux échelles
au thermomètre l'une pour l'hiver
l'autre pour l'été.

Lettre du C. van Marum.

M. Baumé a présenté une
matière noire qui se sépare de
l'étain quand on le dissout dans
l'eau-forte il la reconnaît pour
être une combinaison de l'oxygène
d'étain et du cuivre.

Mémoire du C. Mongez sur
les phénomènes météorologiques
observations du C. de la Marck
discussion à C. Prony

L'académie adjoint les citoyens Le Roy, Lenoir et Fourcroy aux commissaires nommés par le Ministre pour la réforme des hôpitaux.

Mémoire de M. ~~Flandrin~~ Flandrin sur la rage.

Lettre du capitaine [illegible] commandant la corvette le [illegible] qui annonce qu'on a découvert à la côte de la Nouvelle Géorgie dans une baye dont le cap ~~de~~ de ~~[illegible]~~ Delaplace forme une des pointes un vaisseau naufragé qu'il ~~[illegible]~~ pense que le vaisseau est la Boussole ou ~~[illegible]~~ l'Astrolabe, vaisseaux de l'expédition de M. de La Peyrouse.

On sait que M. de La Peyrouse en partant de ~~[illegible]~~ Botany Bay le 8 mars 1788 a dû prendre connaissance de la Nouvelle Géorgie pour continuer ses découvertes. Ce rapport est accompagné d'un plan qui renferme des détails intéressants pour les navigateurs et que l'académie se propose de publier.

Mémoire ~~du C. [illegible]~~ du sieur citoyen Le [illegible] sur les variations diurnes de l'aiguille aimantée.

Mort de M. Bonnet

le 22 juin

abrégé de Navigation par M. de la Lande.

Dis aussi sur la [illegible] [illegible] relègue parmi [illegible] [illegible] [illegible] les [illegible] [illegible] et cela [illegible] qu'elle soit confirmée par [illegible] [illegible] [illegible]

<u>Lavoisier</u>

nº 880 (Memoire du 13 X 81 et 25 X.) 4 p.
+ 1 petit feuillet

880

Si le ministre agree ces propositions il sera
necessaire de faire un reglement qui determine
la forme de ces elections et surtout qui porte que
le meme academicien ne pourra rentrer dans les
places d'officiers de l'academie qu'apres six années revolues
ou environ pour que les places ne se concentrent qu'entre
un trop petit nombre de personnes

880

Expd le 13. Xbre 1781.
Le 25.

Memoire.

Les reglemens de l'academie des Sciences portent qu'il sera nommé chaque année par le Roy un president et un vice president choisis parmi les honoraires un directeur et un vice directeur choisis ~~parmi~~ parmi les pensionnaires, mais ces reglemens ne ~~prescrivent determinement pas~~ ~~ne s'expliquent pas si ces officiers amovibles et que les nouvellement [illegible] seront élus et presentés au Roy par l'academie ainsi que les officiers perpetuels et ils~~ ne s'expliquent en aucune maniere sur la forme des ~~leur~~ elections de ~~ces~~ ~~nominations~~ ces officiers amovibles.

L'usage a suppléé au silence ~~a l'imperfection~~ des reglemens : ~~[illegible]~~ chaque année ces officiers s'assemblent a la Saint-martin ~~et conviennent ensemble des officiers qui doivent etre~~

ils délibéreront entre eux sur le choix de leurs successeurs et d'après le vœu de ce comité le prendront au ministre qui communiquera ou confirmera le choix des officiers designés.

++ on voit par cet exposé que les officiers de l'académie ne sont nommés par le Roy comme tous les membres, que sur la présentation qui lui en est faitte mais avec cette différence que les académiciens ordinaires ne sont admis qu'après le vœu du corps entier des pensionnaires, tandis que les officiers sont nommés d'après le vœu d'un comité très peu nombreux. il seroit

+++ l'état actuel est susceptible de beaucoup d'inconvénients qui se sont fait sentir plus ou moins vivement à différentes époques. premièrement — il est possible que le directeur designé par les officiers sortans ne soit point agréable à la académie et on en a eu des exemples, dans le cas où il regneroit des divisions dans la compagnie dès qu'une des factions auroit une fois acquis la pluralité dans le comité des officiers elle seroit assurée de le conserver toujours puisqu'elle

4e

on voit par cet exposé que les officiers de l'académie ne sont réellement nommés par le Roy que sur une présentation mais il seroit beaucoup plus régulier beaucoup plus conforme à la constitution de l'académie que la présentation des officiers fut ... qu'elle fut faitte comme toutes les autres par le corps entier d'après une délibération au scrutin et dans la forme ordinaire.

+++

il est possible que les directeurs designés par les officiers sortans ne soient point agréables à l'académie ++

~~‡ et les officiers annuels seroient toujours choisis dans le parti preponderant du comité contre le vœu de l'academie~~

‡ s'il se pourroit se faire ainsy que l'academie fut jamais conduite par des presidens et directeurs qui ne seroient ni de son gout ni de son choix

Les officiers qui viennent d'etre nommés par le Roy pour l'année 1785 M. M. le duc d'Ayen le comte de [illegible] Lavoisier et Desmarets ayant donc fait une demarche en meme tems utile et agreable a l'academie en priant le ministre de recevoir leur demission et d'authoriser l'academie a proceder a l'election de ses officiers dans la forme ordinaire. il paroitroit inutile de presenter plusieurs sujets mais le Roy pourroit se reserver d'exclure ceux qui ne lui seroient point agreables

elle seroit en etat d'exclure tous ceux de la faction opposée ‡

L'academie paroitroit disposée a demander au ministre de ramener le choix des officiers annuels au choix du president du vice president du directeur et du vice directeur a la forme de toutes les autres elections ils seroient presentés au ministre qui les annonceroit a l'academie de l'ordre du Roy ‡ mais avant de faire proceder a aucune deliberation a ce sujet on voudroit scavoir si la proposition qui pourroit en etre faitte au ministre ‡‡ ne lui seroit pas desagreable.

Le Sr Lavoisier est vice directeur dans ce moment et il est designé

+ reconnoissance de droit qu'il a acquis qui

pour devenir directeur au 1er janvier prochain. C'est lui même qui + demande ~~la permission~~ au ministre la permission de proposer ~~a~~ une academie nouvelle forme qui ne ~~[illegible]~~ peut rester que les cinq ~~[illegible]~~ on ne peut pas soupçonner qu'il ait pour objet de se rendre ~~[illegible]~~ aucun et l'utilité qu'il fait ~~[illegible]~~ de ses confrères. ~~[illegible] qu'il a acquis a la pluralité des directeurs et des [illegible] communication au corps de l'office~~ on ne peut lui estre inspirée que par la conviction qu'il en resultera ou il est un ~~[illegible]~~ état utile pour l'academie.

Il attendra au surplus que le ministre lui ait fait connoître ses intentions avant de rien mettre en avant.

On observe que les directeurs de l'academie françoise sont nommés par elle sans meme que la nomination soit confirmée par le Roy

Tableau de l'Académie Roy[...]
huit Classes composées chacune de trois Pen[...]
changemens.

Classe			Dattes des réceptions	Rang qu'occupoient les Académiciens dans l'ancienne consistance.
Classe de Géométrie.	Pensionnaires	M. de Borda	1756.	1.er Pensionnaire Géomètre
		M. Jeaurat	1753.	3.e Pensionnaire Géomètre
		M. De Vandermonde	1771.	1.er Associé Géomètre
	Associés	M. Cousin.	1772	2.e Associé Géomètre.
		M. Meusnier.	1784.	2.e Adjoint Géomètre
		Celui qui sera agréé par Sa majesté après l'Election		
Classe d'Astronomie	Pensionnaires	M Lemonnier	1736.	1.er Pensionnaire Astronome
		M. De Lalande	1753.	2.e Pensionnaire Astronome
		M. Legentil	1753.	3.e Pensionnaire Astronome
	Associés	M. Messier	1770.	1.er Associé Astronome.
		M. de Cassini	1770.	2.e Associé Astronome
		M.r d'agelay	1785	2.e Adjoint Astronome.

Royale des Sciences, suivant sa nouvelle consistance, c'est à dire, divisée en ...s Pensionnaires, et trois Associés, avec des Nottes explicatives du motif des

Nombre de rangs gagnés par chacun	Observations.
Néant 1. 1. 1. 2.	La Classe de Géométrie éprouve deux Changemens dans le Plan proposé; Le prémier dans le passage de M. l'abbé Bossut, à la Place de prémier Pensionnaire dans la Place de méchanique: Le Second par Celui de M. Monge, à la Place de prémier Associé dans la Classe de Phisique. Ils gagneront l'un et l'autre un Rang à ce passage, ce qui est très juste, parceque tous les autres membres de leur Classe en gagent autant, et que d'ailleurs ils ne leur conviendroit pas de sortir de leur Classe s'ils n'y trouvoient pas quelqu'avantage.
Néant Néant Néant 1. 1. 2	Il n'a pas été possible de faire gagner aucun rang aux Trois Pensionnaires Astronomes, la Célébrité qu'ils ont acquise dans la Science qu'ils cultivent ne permettroit pas de les faire sortir de leur Classe; mais comme ils ne jouissent pas de leur pension complette, au moyen d'une retenüe faite sur Eux, au profit de M Maraldi, pensionnaire Vétéran qui s'est retiré, Cette Classe paroit mériter quelques faveurs particulières, et il seroit à souhaiter qu'on put la mettre au niveau des autres Classes de l'Académie.

Suite du Tableau de l'acad.

Classe			Dattes des réceptions	Rang qu'occupoient les Académiciens dans l'Ancienne Consistance
Classe de méchanique	Pensionnaires	M. L'abbé Bossut	1768.	2.e Pensionnaire Géomètre
		M. L'abbé Rochon	1771.	3.e Pensionnaire méchanicien
		M. De la Place	1773.	1.er Associé méchanicien
	Associés	M. Coulomb.	1782.	2.e Associé méchanicien
		M. Le Gendre	1783.	1.er Adjoint méchanicien
		M. Perier	1783.	2.e Adjoint méchanicien
Classe de Phisique générale	Pensionnaires	M. Le Roy	1751.	1.er Pensionnaire méchanicien
		M. Brisson	1759	Pensionnaire surnum.re Botaniste
		M. Bailly	1763.	Pensionnaire surnum.re Astronomie
	Associés	M. Monge	1780	1.er Adjoint Géomètre
		M. Méchain	1782.	1.er Adjoint Astronome
		M. Quatremere	1784.	2.d adjoint chimiste
		~~M. L'abbé hauy~~	~~1783~~	~~1.er Adjoint Botaniste~~

l'académie suivant sa nouvelle Consistance.

	Nombre de rangs gagnés par chacun	Observations.
	1.	
ien	1.	
	1.	
	1.	
	1.	
n	1.	
ien	néant	
iste	2.	
ne	1.	
	2.	
	2.	
	2	
	~~1~~	

La Classe de méchanique éprouve, comme celle de Géométrie, deux changemens par le Plan proposé; Le prémier consiste dans le passage de M. Le Roy, dans celle de Phisique, et dans son remplacement par M. l'Abbé Bossut; Le Second dans le Passage de M. Desmarets à la Place de prémier pensionnaire d'histoire naturelle. M. Le Roy ne gagnera, ni ne perdra à cet Echange, mais comme il passe dans une classe plus analogue à ses connoissances, il n'y a pas lieu de croire qu'il s'en plaigne. M. Desmarets, en devenant prémier pensionnaire, gagnera un rang, et son passage en fera gagner un à M. de La Place, à M. Coulomb, à M. Le Gendre, et à M. Perier.

Cette Classe est composée en entier de Membres choisis dans les autres Classes de l'Académie; Tous ceux qui la composeront, à l'exception de M. Le Roy, qui est l'ancien, gagnent un ou plusieurs rangs; M. Le Roy et M. Brisson, se trouvent placés dans cet arrangement d'une façon plus analogue à leurs connoissances. M. Bailly, auroit pû convenir à toute autre Classe mathématique; mais son ancienneté dans l'académie n'auroit pas permis de le mettre troisième pensionnaire sans lui donner le désagrément de se voir précéder par des Confreres moins anciens que lui. On propose M. Monge pour prémier associé de cette classe, parcequ'il a professé avec une grande distinction la Phisique expérimentale à Mézières, et qu'il est chargé de la partie Phisique de la nouvelle Encyclopédie.

Suite du Tableau de l'A

Classe		Académiciens	Dattes des Réceptions	Rang qu'occupoient les Académiciens dans l'Ancienne Consistance
Classe d'Anatomie	Pensionnaires	M. d'Aubenton	1744.	1.er Pensionnaire anatomiste
		M. Tenon	1759.	2.e Pensionnaire anatomiste
		M. Portal	1764	3.e Pensionnaire anatomiste
	Associés	M. Sabatier	1773.	1.er Associé anatomiste
		M. Vic d'Azir	1774.	2.e Associé anatomiste
		Celui qui sera agréé par Sa Majesté après l'Election		
Classe de Chimie	Pensionnaires	M. Cadet	1766	1.er Pensionnaire chimiste.
		M. Lavoisier	1768.	2.e Pensionnaire Chimiste
		M. Baumé	1771.	1.er Associé chimiste
	Associés	M. Cornette	1773.	2.e Associé chimiste
		M. Bertholet	1780	1.er Adjoint chimiste
		Celui qui sera agréé par Sa Majesté après l'Election		

…	Nombre de rangs gagnés par chacun	Observations.
te	néant	Le nouveau Plan ne procure à cette Classe aucune progression, mais elle vient d'en éprouver une très considérable et très inattendüe par la mort prématurée de M. Morand, et par la Vétérance accordée à M. Petit; d'ailleurs comme il se présente peu de sujets pour cette partie, il paroit inutile d'y faire vacquer des Places qu'il seroit difficile de remplir dans ce moment; On observera au surplus que la plupart des membres de cette classe étant purement anatomistes, ils seroient déplacés dans toute autre, et que M. d'Aubenton, le seul qui par l'étendüe de ses connoissances pouvoit convenir à plusieurs autres, a désiré de ne point éprouver de changement.
te	néant	
ste	néant	
	néant	
	néant	
	néant	Cette classe éprouve trois changemens dans la nouvelle Constitution qu'on propose de donner à l'Académie. Le premier est le passage de M. Sage, 3.eme pensionnaire chimiste, à la Place de second pensionnaire dans la classe d'histoire naturelle et de minéralogie, ce qui donne un moyen de faire passer M. Baumé au grade de Pensionnaire. Le second est la rentrée dans les classes de M. d'Arcet, qui étoit associé surnuméraire. Enfin le troisième est le passage de M. Quatremere, dans la Phisique générale à laquelle il convient autant qu'à la Chimie. Cette progression a l'avantage de débarasser cette classe qui étoit engorgée au moyen d'un surnuméraire, et d'y laisser une place vacante pour laquelle on peut jetter les yeux sur de très bons sujets tels que M. de Fourcroy, M. Pelletier, &.ca
	néant	
	1.	
	1.	
	2.	

Suite du Tableau de l'Acad[...]

		Dattes des Réceptions	Rang qu'occupoient les Académiciens dans l'ancienne Consistance
Classe de Botanique et Agriculture — Pensionnaires	M. Guettard	1743	1.er Pensionnaire Botaniste
	M. Fougeroux	1758.	2.e Pensionnaire Botaniste
	M. Adanson	1759.	3.e Pensionnaire Botaniste
Associés	M. de Jussieu	1773.	1.er Associé Botaniste
	M. de La Marck	1779.	2.e Associé Botaniste.
	M. Desfontaines	1783.	Adjoint surnum.re Botaniste
Classe d'histoire naturelle et de minéralogie — Pensionnaires	M. Desmarets	1771.	2.e Pensionnaire méchanicien
	M. Sage.	1771.	3.e Pensionnaire Chimiste
	M. L'abbé de Gua	1759.	Adjoint vétéran
Associés	M. d'Arcet	1781.	Associé Chimiste surnuméraire
	M. l'abbé hauy	1783	1.er adjoint botaniste
	M. l'abbé Tessier	1783.	2.e Adjoint Botaniste
	~~M. Quatremere~~	~~1783.~~	~~2.e Adjoint Chimiste~~

…l'Académie Suivant sa nouvelle Consistance

…nt …nce	Nombre de rangs gagnés par chacun	Observations.
…ste	néant	Cette Classe étoit dans l'ancienne Consistance composée de Neuf personnes, scavoir, trois pensionnaires, un pensionnaire Surnuméraire, deux associés, deux Adjoints, et un Adjoint Surnuméraire. Dans la nécessité de la réduire à six, comme les autres classes, on a proposé 1.° de faire passer M. Brisson, pensionnaire Surnuméraire, dans la classe de Phisique qui lui convient, et où il sera second Pensionnaire. 2.° de faire passer M. l'abbé hauy, et M. l'abbé Teissier, l'un dans la classe de Phisique, l'autre dans celle d'histoire naturelle. Les trois Pensionnaires de cette classe n'éprouveront, il est vrai, aucune progression, mais il est à observer que M. Guettard, le plus ancien d'entr'eux, est dans un Etat inquiétant qui ne permet pas d'espérer de le conserver longtemps.
…ste	néant	
…ste	néant	
…)	1.	
…	1.	
…iste	3.	
…cien	1.	Cette Classe a été entièrement composée de Membres tirés des autres Classes de l'Académie, et les dispositions ont été faites de manière que chacun gagne au moins un rang. Si on ne leur avoit pas offert cet avantage, il est probable que chacun auroit préféré de rester dans la Classe à laquelle il étoit attaché. M. L'abbé de Gua, quoique plus ancien que Ceux qui le précèdent, ne peut pas avoir à se plaindre, parcequ'ayant été vétéranisé, il étoit sorti des rangs, et c'est un acte de bienfaisance de le faire rentrer dans les Classes. Comme il est pauvre la Pension devient pour lui un secours nécessaire et cette considération doit désarmer ceux qui pourroient se plaindre de la faveur qui lui est accordée. M. d'Arcet, par le Plan proposé, se trouve placé avant plusieurs de ses Confrères plus anciens que lui, mais il faut considérer que M. d'Arcet, quoique nouveau dans l'Académie, est ancien dans la Chimie, que L'Académie ne lui a pas rendu précédemment la justice qu'il méritoit, ainsi en lui faisant regagner quelques rangs, on ne fait que le rétablir dans la place qu'il devoit occuper.
…e	1.	
…aire	2.	
	2	
…)	2	
	2.	

Lavoisier

n° 878 (articles (36) Projet de reglement — 5 p.

878

art. 1er.

l'academie sera divisée en huit classes.

il y aura en outre 12 academiciens qui ne seront ~~point~~ de attachés a aucune ~~classe~~ section en particulier

~~leur il y aura~~

art. IV.

les associés geographes dans ~~la Al~~ classe de Physique generale ou parmi les associés libres.

art. V.

trois ordres d'associés non attachés aux classes

associés residens à Paris

associés residens dans les ~~colonies~~ departements

associés etrangers.

associés residens et etrangers

academiciens residens

a~~cademiciens residens~~

82 5 academiciens correspondans un pour chaque departement

12 ~~ac~~ academiciens etrangers

40 ~~ac~~ correspondans etrangers.

~~La classe la nomination de l'academie~~ de ~~la~~ l'academie.

Les académiciens ~~ayant~~ ~~sous les~~ dix ans, ont le nom ~~les~~ honoraires seront réunis à la classe des associés libres conformément à la délibération du ... des vacances jusqu'à ce que la classe soit réduite à 12

art. XIII

voix délibérative. Comme

Les anciens académiciens résidents ~~et honoraires~~ ~~de l'académie [illegible]~~ correspondants ~~par un résident d'une autre [illegible] dans la classe des séances de l'académie~~

Ils auront voix délibérative dans les séances de l'académie mais pendant un [illegible]

art. XIV

président et vice président

art. conservé

art. XV le vice président conservé

art. XVI conservé

~~art. XVII~~

un membre ne pourra être ~~[illegible]~~ président ou vice président qu'après un an

et pour que le président [illegible] puisse être [illegible] vice directeur.

XVII Conservé

XVIII
Supprimé

art XIX Conservé

art XX Supprimé

art XXI Supprimé

art XXII Conservé

art XXIII
Lorsque l'Académie pourra être consultée par les autorités constituées,

Sur le fond autant qu'elle le pourra

XXIV.
aucune des lois de reglement ou de police ne pourront être faites ou abrogées qu'à une majorité des deux tiers des voix

Ce qui aura été décidé ne pourra être remis en délibération qu'au bout de quinze jours

XXV.
Cinq voix au lieu de trois

XXVI Supprimé

~~texte de plusieurs~~

XXVII Conservé

XXVIII

des ouvrages imprimés à plaisir et approuvés par l'académie

XXIX conservé

il sera chargé de la conservation et de la distribution des ouvrages imprimés par elle &c.

art. XXX

changer la rédaction

~~art. XXXI~~

le cabinet ~~du cabinet~~ sera sous l'inspection immédiate du conseil.

art. XXXI

l'académie ne s'obligera jamais pour aucune dépense quelconque sans un rapport préalable du conseil de trésorerie

art. ~~XXXII~~ et ~~XXXIII~~

le rapport sera fait à une séance extraordinaire

~~le compte du trésorier~~

dans les cas extraordinaires
reddition des comptes
l'académie joindra cinq de ses membres au scrutin aux membres ordinaires du conseil.
Pour les petites pensions les anciens

878

XXXV.

[illegible] de [illegible]

une heure et demie depuis la sortie jusqu'au [illegible]

deux heures avant [illegible]

XXXVI

Extrait

Lavoisier

n° 879 (Deliberation) —— 4 p

879

~~Par des deliberations recentes de l'academie il a été arreté que le~~

Les reglemens de l'academie portent que, lorsqu'il y aura une place de pension[n]aire vaccant les deux semblées pour presenter a l'academie au moins trois sujets dont deux seront choisis par l'academie au scrutin pour etre presentés au Roy.

Comme les associés libres et les associés etrangers ne sont attachés a aucune classe il a été arreté par des deliberations assez recentes que la presentation seroit faitte par un ~~commissaire~~ Conseil composé de un membre de chacune des classes choisi ~~[illegible]~~ par ~~[illegible]~~ voye. Dans Sort. la meme forme ~~[illegible]~~

ne doit-elle pas avoir lieu dans
les Elections aux
places d'honoraires ? rien ne
paroit pouvoir s'y opposer on
pourroit compter dorénavant dependamment
une refflexion plus
approfondie ne laisse pas que de
laisser appercevoir qu'il y a embarras
dans cette presentation.

il est vrai que dans une
election d'honoraire il y a plus
d'une personne sur les rangs les
concurrens que pourroient se
presenter en general justice
a eux mêmes et les opinions
obtiennent libre à celui qui a
le plus de probabilité de succès.

il s'élève donc deja une
premiere question si la presentation
est admise c'est de savoir si on
doit se borner a une seule personne
ou si le comité peut embrasser peut
ou proposer plusieurs personnes

quoiqu'il n'y en ait tellement qu'un [illegible] qui se sont mis (?) sur les rangs.

On peut dire au contraire de cette première question qu'il y aurait beaucoup d'inconvénient à présenter quelqu'un qui ne l'aurait pas demandé. Ce serait établir entre les personnes les plus qualifiées de la nation une sorte de comparaison, de concours dans lequel celui qui se croirait (?) aurait droit de se plaindre de ce qu'on l'a comparé sans son aveu.

Si on est supposé (?) de cet inconvénient et que l'on convienne qu'on ne doit présenter que ceux qui en ont témoigné le désir, alors la présentation se réduira presque toujours à une seule personne et elle ne sera presque pas douteuse

que de transmettre a un petit
nombre le droit delection qui
appartient au corps entier puis
que par la suite le candidat ne
pourra jamais etre que celui qui
aura eté presenté

Durand [illegible]

Lavoisier

n° 88.. (Observations sur les élections) — 15 p

887

Observations sur la forme des Elections pour les places d'adjoint à l'Academie des Sciences

La maniere de présenter les Sujets éligibles par l'Académie offre une des plus importantes questions que l'on puisse traiter pour l'intérêt de la compagnie. Elle n'est justement célébre que par ce qu'elle est composée des hommes les plus distingués dans chacune des Sciences dont elle s'occupe, et l'espéce de communauté ou de Solidarité de gloire qui s'établit entre eux doit porter chaque académicien à désirer qu'on soit très-sévére dans le choix.

Le Législateur parait avoir eu particuliérement cet objet en vue. Il a établi que la Classe présenterait les Sujets qu'elle croirait éligibles, que l'académie en élirait deux sur cette présentation, et qu'ensuite sur ces deux le Roi, de qui toute dignité doit émaner dans une Monarchie, choisirait celui qui lui paraitrait le plus convenable.

Si le Sens de la Loi est clair, il faut s'y Soumettre. S'il n'est pas clair, il faut l'interpréter d'après son esprit qui a certainement dû être le plus grand avantage de l'Académie.

Il y a donc deux Points à discuter.

1.° La Loi est-elle claire?

2.° Supposé qu'on puisse lui donner plusieurs Sens, Quel est celui qui Sera le plus avantageux à l'Académie?

On dira Sur le premier Point que la Loi Semble aussi claire qu'on puisse le désirer.

Elle ordonne que la classe présentera au moins Trois Sujets.

Si elle eût voulu (comme quelques-uns de nos confrères le pensent aujourd'hui) que chaque Membre de la Classe pût présenter, et que ses Confrères dans cette classe ne pussent refuser d'offrir au choix de la Compagnie quiconque aurait eû le Suffrage.

d'un Seul d'entre eux, elle aurait exprimé cette Volonté; elle aurait dit: que Sur la présentation de chacun des Membres de la Classe, dans laquelle il y aurait une place vacante, l'Académie choisirait &c.ª

L'expression, La Classe, que la Loi emploie, étant un nom collectif, signifie évidemment la Classe en Corps. Aucun Corps ne peut avoir qu'une manière d'exprimer Son Voeu, c'est la pluralité des Suffrages. Et personne ne prétendra que l'opinion d'un Seul Membre d'un Corps puisse jamais passer pour celle du Corps même.

Dans l'intérieur du Corps ou de la Classe chacun Sans doute peut et doit jouir de la plus grande liberté pour la façon de penser. Chacun en use; et dans les élections propose qui lui plait, à la Classe. Là finit le droit personnel des individus; et commence celui du Corps qui balance l'opinion de ses membres pour décider quels

Sujets il présentera ; mais qui néanmoins n'a qu'un droit de réjection borné, puisqu'il est obligé de présenter au moins trois Sujets.

La Classe n'étant composée que de Cinq Membres, l'influence de la proposition de chacun sur la présentation que ~~fait~~ la Classe doit faire de trois Sujets est très forte. Mais cependant personne ne peut faire la Loi à la Classe. L'usage de la liberté est tempéré par la maturité d'une délibération et par la nécessité d'un choix. Il est difficile d'imaginer une Loi plus sage, et cette sage Loi a plus d'un Siècle d'usage paisible, que la haute considération dont jouit l'Académie des Sciences a justifié, et doit sans doute avoir consolidé.

« Mais, dit-on, lorsqu'il s'agit
» de choisir un Adjoint les Sujets
» qui se mettent sur les rangs
» sont dans la première présentation
» de la Classe jugés par leurs
» rivaux. Il est à craindre qu'une

" mérite trop distingué les offusque
" et soit repoussé. En obligeant
" la classe de présenter tous ceux
" que chacun de ses membres aura
" proposés, on évitera cet
" inconvénient. Il y aura plus
" d'apparence que tous les sujets
" dignes d'entrer dans la carrière
" seront présentés à l'académie.
" il y aura moins d'exclusion,
" et dans une plus grande
" concurrence l'Académie pourra
" être encore plus éclairée par
" l'opinion publique et faire
" de meilleurs choix. "

Nous ne croyons pas avoir dans cette exposition affaibli les motifs de l'opinion de ceux de nos confrères qui ne pensent pas comme nous

Voyons à quel point elle est fondée et si la dérogation qu'ils proposent à nos loix et à notre usage serait en effet avantageuse ou dangereuse pour l'Académie c'est le second et le principal objet que nous croyons devoir discuter.

Premièrement, loin qu'il puisse y avoir un avantage, il y a sensiblement un désavantage très-réel à étendre la possibilité des choix.

Choisir sur un plus grand nombre de Sujets, est une phrase très-agréable, dont le véritable sens est : Donner à un plus grand nombre de Sujets l'espérance et le moyen de pénétrer dans l'Académie : ou en d'autres termes encore „ Ouvrir la porte de l'Académie à un plus grand nombre de Sujets médiocres.

Or, s'il y a un danger et un malheur pour l'Académie c'est de pouvoir admettre des Sujets médiocres. Un Sujet médiocre y reste pour la vie. Il fait nécessairement des usages médiocres, que la condescendance et les égards qu'on croit devoir à ses confrères entraînent à laisser passer sous le nom et dans les recueils de l'Académie, et qui diminuent d'autant l'estime due à ce corps respectable.

Le Retardement de l'admission d'un Grand-homme qui est tout ce qu'on peut imaginer de pis de la jalousie de métier qu'on impute, sans doute gratuitement, aux classes de l'Académie, serait un inconvénient beaucoup moins sérieux. Quand un Grand homme a manqué d'être présenté il conserve l'espérance et l'assurance de l'être. Son nom le rappelle bientôt : et en effet on ne trouve aucun Savant illustre qui soit mort sans avoir été de l'Académie.

La Jalousie de métier n'en a donc exclu aucun. C'est une passion + toujours mal-adroite parce qu'elle révolte toujours

+ dont il n'est pas impossible qu'un individu soit tourmenté, mais qui ne peut pas s'emparer d'une classe ; c'est une passion

ceux qui en sont les témoins. Elle est plus propre à servir les hommes de mérite qu'elle veut persécuter, qu'à leur nuire. Mais si quelqu'un de nous pouvoit s'avouer à lui-même une si honteuse passion, il en rougiroit et s'en corrigeroit. Pourquoi la supposerions-nous à nos Confrères, dans un tel excès qu'il fallut à cause d'elle changer nos Loix? Je ne puis convenir de cette prétendue nécessité, j'ai trop de respect pour l'Academie et d'estime pour mes Confrères.

Les mœurs des Savans sont douces parceque leurs occupations sont paisibles, honnêtes, et supposent l'exercice habituel de la Raison.

Et peut-être n'y a-t-il à craindre parmi nous que cette même douceur de mœurs qui mène si naturellement à désirer d'obliger ses amis, et qui peut faire balancer très-innocemment entre des talens naissans dont on espère beaucoup et que l'amitié s'exagère, et des talens consommés et prouvés qui méritent seuls les suffrages de l'Académie.

On doit considérer que l'Académie des Sciences est véritablement composée d'autant d'Académies particulières qu'elle a de classes, et que les membres de chacune de ces classes ne sont pas juges très-compétens de la capacité de ceux d'une classe différente. Un astronome peut se laisser faire illusion sur le mérite d'un botaniste, celui-ci peut mal juger un géomètre, et le géomètre peut s'en laisser imposer par un anatomiste ou un Chimiste habiles à se faire valoir.

Le Législateur a donc eu un motif très puissant pour ordonner que les présentations seraient faites par la Classe dans laquelle il se trouve une vacance. Ce n'est que dans cette Classe que les concurrents sont jugés par leurs Pairs. Si la Proposition d'un seul membre suffisait pour que la Classe fut forcée de présenter au choix de l'Académie le sujet proposé, il pourrait arriver qu'un homme adroit et qui aurait su capter la pluralité des Académiciens qui ne s'appliquent point à la Science pour laquelle il demande d'être admis, entra dans l'Académie sur un seul suffrage compétent.

Et si l'on considère encore qu'il est assez ordinaire que pour recevoir plus promptement un savant distingué dans l'académie, ~~(ce qui montre au reste combien nous sommes loin de repousser le mérite, comme on se permettait de nous l'imputer)~~ on admette ce savant dans une autre classe que celle vers laquelle étaient véritablement tournées ses études, ce qui montre au reste combien nous sommes loin de repousser le mérite, comme on se permettait de nous l'imputer) on verra qu'il serait possible d'entrer dans l'académie sur le suffrage unique d'un Membre qui n'aurait que très légèrement cultivé lui-même la science pour laquelle il proposerait de nous donner un confrère, et qui par conséquent ne serait pas juge compétent de son mérite.

Tout homme donc qui dans une ville telle que Paris, où le Public est singulièrement sujet à prendre un enthousiasme passager, saurait se faire une de ces réputations éphémères qui éblouissent tous ceux qui n'ont pas approfondi les connaissances que cette réputation suppose, pourrait parvenir à se faire proposer dans la classe où il voudrait ~~entrer~~ être reçu, par un de ceux qui ne sont eux-mêmes de cette classe que faute d'avoir trouvé place dans une autre lorsque l'académie les a désiré. Il serait certain alors d'entrer à l'Académie malgré la réjection de tous les juges véritables de son talent et de ses lumières, et sur la seule prévention de ceux qui n'entendraient que peu ou rien à la doctrine dont il se serait targué. Et la porte de l'académie serait ouverte à tous les charlatans présens et à venir. Il n'y a point de corps dont une telle constitution ne put détruire la gloire

Il est certainement très mal qu'on puisse devenir membre de l'Académie contre le voeu de l'Académie ou de la pluralité des Académiciens. Un de nos savans confrères nous a géométriquement démontré dans une de nos dernières séances qu'on ne pouvait avoir la certitude de la pluralité que lorsqu'il s'agissait de choisir entre deux individus, ou lorsqu'un seul individu avait plus de voix que tous ses concurrens ensemble que dès que les voix se partageaient entre trois, le favorisé s'il n'emportait pas plus de la moitié des suffrages, avait la certitude d'avoir été jugé rejettable par la pluralité, avec la seule consolation que cette pluralité qui lui était défavorable s'était partagée entre deux concurrens: Et enfin que plus le nombre des Concurrens etait grand, moins la majorité des suffrages prouvait le vœu de l'Académie. Je ne veux point commenter ici son calcul qui mérite certainement d'être pesé, ni en déduire tous les Corrollaires; Ce n'est pas un mémoire de Géométrie que je me suis proposé de mettre sous les yeux de la

Compagnie. J'ai voulu seulement exposer avec simplicité ce qui me parait juste pour chacun de ses membres, utile et convenable pour elle.

Il est juste que chacun des juges compétens ou contestés, puisse proposer librement le sujet qu'il préfère.

Il est utile que sur ces propositions de chaque individu de la classe chargée de la présentation, cette classe puisse rejetter ceux qu'elle juge les moins dignes; et quoiqu'on dise il n'y a guère à craindre que cette réjection tombe sur les plus illustres.

Il est convenable enfin que sur la présentation ainsi faite avec choix par les juges les plus compétens, l'Académie puisse encore rejetter celui qui lui parait le moins propre à concourir à ses travaux, et que la nomination du Roi ne puisse porter que sur une -

élection qui soit le triage d'un triage.

S'il s'agissait de trouver une forme pour concilier les droits des Electeurs, les prétentions des Aspirans, et l'intérêt de la Compagnie, ce serait celle-là qu'on inventerait. Or cette forme est la nôtre, subsistante depuis plus d'un Siecle, donnée à notre Corps par son fondateur et son Législateur, et que peut-être n'avons-nous ni le droit ni le pouvoir de changer.

Lavoisier

n° 888 Notes de Bossut — 1

Renseignements vétéran — 2.

588

art. 2. Note de Bossut

Pour mener de front les Sciences dont l'académie s'occupe, elle sera distribuée en huit classes, toutes composées d'académiciens résidents : savoir, une pour la géométrie ; une pour l'astronomie ; une pour la méchanique ; &

art. 36

Les traitements ordinaires seront attachés, comme par le passé, aux seuls académiciens présidents attachés aux classes. Ils iront en augmentant &c.

Il paroit nécessaire de présenter les questions suivantes dans la supposition où le Roy à la requisition de l'académie feroit un reglement pour que les membres de cette compagnie au bout d'un certain nombre d'années puissent avoir les honneurs et les prérogatives de pensionnaire, lorsque le mouvement qui s'est fait dans leur classe, ne les a pas conduit à cette place.

1re

Combien faudra t'il d'années d'académicien pour demander à etre élu ainsi pensionnaire surnumeraire?

2eme

faudra t'il demander à chaque fois l'agrement du ministre pour cette sorte d'élection?

3eme

y aura t'il des premieres et des secondes voix pour cette sorte d'élection?

4e

L'associé devenu pensionnaire surnumeraire, d'après ce que l'on propose, sera t'il nombré dans sa classe comme auparavant ou bien sa place censée devenue vacante donnera telle lieu à l'election d'un adjoint pour devenir associé ou d'un étranger pour devenir adjoint?

5e

Dans la supposition où un second [illegible] peutetre même un adjoint seroit [illegible] par son ancienneté d'académicien de pretendre à cette [illegible] pensionnaire surnumeraire, [illegible] til susceptible d'être élû lorsqu'il aura déjà un pensionnaire surnuméraire dans la même classe ?

6e

Ces pensionnaires surnuméraires auront ils droit aux jettons ?

7me

Auront ils le droit d'être vice directeur et directeur de l'académie a leur tour ?

8e

Lorsque l'académie n'aura pas jugé a propos de nommer un associé pensionnaire surnuméraire quoiqu'il ait l'ancienneté qui rend susceptible de l'être le second associé lorsqu'il aura l'ancienneté requise ne sera til pas susceptible d'y prétendre ?

9e

Lorsque deux académiciens seront sortis de la même datte seront ils susceptibles d'être élus tous deux [illegible] dans le cas où [illegible] reglement qu'il n'y en [ait] jamais plus d'un dans la [classe] ?

Lavoisier

2º 891 — (Prix proposé par l'Academie) 4p.

" [733] Notes diverses de la main de Lavoisier) 5p.

Prix proposé par l'academie des sciences pour l'année 1789.

Feu M. de Montigny après avoir été occupé toute sa vie de ce qui pouvait tendre au progrès et à la perfection des arts + a voulu laisser en mourant un motif d'émulation qui dirigeât ++ les recherches des savans vers cet objet. Il a fondé par son testament un prix annuel dont l'objet sera de perfectionner quelque art dépendant de la chimie et il a désiré que ce prix fût appliqué successivement à différens arts.

+ et d'avoir concouru avec tout le zèle dont il étoit capable aux vues d'utilité qui guident l'academie

++ encore après lui

L'academie n'a pas cru pouvoir mieux remplir les intentions du fondateur qu'en proposant pour le premier prix de ce genre qui doit être proclamé à la séance ... 178 .... l'objet suivant :

faire une analyse chimique de la Garance et de

la cochenille, drogue de bon teint, comparés avec une pareille analyse des bois de Campêche et de Fernambouc, drogues dont le teint est toujours faux, quoique ces substances colorantes soient appliquées sur les mêmes matières, par les mêmes mordans et par les mêmes procédés que celles qui produisent des couleurs de bon teint.

Parmi les pièces qui avaient concouru à ce prix la classe a distingué en ..... le mémoire ayant pour devise

Aut virtus nomen inane est aut decus et pretium recte petit experiens vir

elle a reconnu que le mémoire annonçait des connaissances étendues mais elle a jugé que l'auteur peut-être faute de temps n'avait pas poussé assez loin ses recherches et qu'il semblait s'être arrêté au moment où ses expériences semblaient lui promettre le plus de succès : elle a vu d'ailleurs à regret que l'auteur n'avait donné aucune application utile à la pratique. Ces considérations l'ont engagée à différer la proclamation du prix et à proposer le même sujet pour cette année.

Depuis cette époque [illegible] a reçu deux [illegible] et sous le nom d'avis un supplément [illegible] qui contient + un procédé particulier et qui paraît nouveau pour teindre la soye en couleur mordoré par le moyen de la garance mais elle ne peut se dispenser d'observer que le prix qu'elle a proposé ayant principalement pour objet la perfection de la teinture avec les bois de Campêche et de Fernambouc et la fixation de ces couleurs sur la laine et sur la soye il est à regretter que les concurrens n'ayent donné à cet égard aucune expérience précise ni aucun procédé nouveau qui puisse s'appliquer à la partie # essentielle du programme qu'elle a proposé n'ayant pas encore été rempli elle prend le parti de différer la proclamation du prix jusqu'à la séance [illegible] 1789 pour toute remise et de proposer le même sujet pour cette époque

+ quelques expériences très curieuses [illegible] sur la teinture

elle juge donc aujourd'hui comme elle a jugé en [illegible] que l'objet

Ce prix consistera ~~[illegible]~~ en une médaille d'or de la valeur de 1200 livres dont l'acceptation du [illegible] et de chaque [illegible] mémoire [illegible] le but de la fondation.

Les Savans [illegible]

733

Il est a observer que ce resultat ne cadre pas avec celui que presente le compte rendu a l'academie par le Secretaire de cette

Suivant ce compte il estoit dans la caisse de l'academie sur ce prix la somme de - - - - 20500.

a quoi il convient d'ajouter une somme 1500 payée en 1782 a chaque quatrieme pour le prix qui a esté proposé sur le cotton et qui doit etre porté en depense au compte du prix de physique 1500 } 22000.

Sur quoi est a deduire

1° 13 annees de la somme de 750 qui doit etre portée au compte du prix de physique pour en consequence de la fondation faite en 1777 par le commissaire de prix - - - 9750

2° 9000 reservés en faveur de l'auteur d'une table des annonces maritimes - - - 9000 } 18750

+ 3° 30 pour la machine d'imprimer ... de ... en 1792 ... payé depuis la mort de ce ... - - 1000

4° pour le prix des ... adjugé en 1792 en faveur de ... - - 2000

ainsy ... il ... il ne reste

~~ce qui est~~ ~~restoit~~ reellement de disponible ~~et il restoit dans la~~ dans la caisse de l'academie ~~au 1er janvier~~ 1792 qui ~~que la somme de~~ sur le fond de ce prix que la somme de 3250

il est difficile d'expliquer la cause d'une difference aussy considerable. Ce que je puis aucun autre que les comptes de cette bibl. sont [illegible] exactement qu'il a rendu compte de toutes les sommes qu'il a reçues. [illegible] du plus haut [illegible] il est probable que l'époque des changemens de trésoriers [illegible] le Comité de trésorerie aura réglé de faire verser entre les mains du trésorier général la totalité des fonds destinés à l'acquittement des prix. Peut-être aussi l'Académie dont les travaux [illegible] aura-t-elle offert quelques [illegible] particulières sur les fonds de ce prix. La recherche que j'ai faite ne vous [illegible] aucune connaissance à cet égard attendu que les trésoriers de l'Académie qui ont précédé celui-ci n'ont jamais rendu de compte des fonds destinés aux prix.

L'Académie n'a [illegible] à craindre de semblables erreurs d'après l'ordre de comptabilité que le Comité de trésorerie a établi par sa délibération du 31 mai dont les dispositions sont déjà exécutées.

+ historique de l'academie

J'ay promis de mettre ~~[illegible]~~ sous les yeux de l'academie le tableau historique des differentes fondations de prix faites depuis ++ ~~[illegible]~~ jusqua ce jour, des dispositions qui ont été faites pour les remplir et d'y joindre un compte des recettes et depenses faites pour chacun des prix en particulier jusqu'a l'epoque du 1er janvier dernier.

J'ay eté obligé pour remplir cet objet de feuilleter les recueils des pieces couronnées qui ont eté imprimées, les volumes des memoires ~~du recueil~~ de l'academie ~~et~~ de les rapprocher des ~~[illegible]~~ anciens programmes des prix + ~~et des comptes de recettes et depenses de [illegible]~~

+ que j'ay pu me procurer ~~[illegible]~~ ~~et des comptes de ces titres~~ ~~[illegible]~~ l'academie verra par le detail dans lequel je suis entré sur chaque prix quelles sont les differentes que j'ay ~~[illegible]~~ en a voir au [illegible] a l'egard de deux fondations de Chesley et l'incertitude qui reste sur les pays ~~[illegible]~~ deux portions de rentes affectés a ce prix

~~+ je joins icy toutes les pieces [illegible] sur lesquels il est fondé~~

Le resultat de mon travail est qu'il reste une somme de ~~[illegible]~~ de fonds en reserve sur les prix en general et ~~[illegible]~~ justifiée par les etats ~~j'ay [illegible] de croire le resultat~~ j'ay joint ++ ~~d'autant plus exact qu'il cadre avec le total des sommes qui m'ont eté remises par le successeur de ce titre~~

++ l'academie pourra compter davantage sur le resultat effectif qu'il cadre avec le total des sommes qui m'ont eté remises par le successeur de ce titre et qu'il ~~[illegible]~~ auroit ... de l'effet que sur la ... de Chesley

independamment de cette somme la l'academie a touché depuis le 1er janvier 1792 1793 ~~comme [illegible]~~ des rentes affectées aux dernieres fondations de ~~prix~~ prix mais cette somme etant destinée a faire face au payement des prix proposés l'année derniere et cette année mon avis ... on ne doit pas la regarder comme disponible

Il ne faut pas cependant regarder le totalité de cette somme comme absolument ~~a~~ a la disposition de l'academie.

On voit donc qu'indépendamment des 30000# qui pourraient être affectés à la contribution du grand [illegible] l'Académie pourrait encore proposer de même quelques prix et prévenir ainsi les reproches et peut-être les répétitions que pourraient faire les fondateurs sur lesquels on a négligé de remplir les obligations par ~~eux~~ eux imposées aux époques de la fondation.

Je propose ~~donc~~ ~~à~~ l'Académie de ~~charger son comité de trésorerie~~ après avoir entendu le compte de celui que je viens de rendre de charger son comité de trésorerie

+ sous l'autorisation de l'Assemblée nationale

La somme annuelle de [illegible] qui est fondée à l'Académie jusqu'à sa mort appartient légitimement à son successeur aux termes de la fondation faite par M. Rouillé de Meslay. Et il en ~~était~~ était dû deux années à M. de Condorcet au 1er janvier 1792.

~~D'ailleurs~~ D'ailleurs l'Académie a pris des engagements pour plusieurs prix jusqu'en 1793, et il est de la prudence de réserver des fonds pour y satisfaire indépendamment de toute [illegible] donc il est possible que l'Assemblée nationale juge à propos de changer la destination.

Enfin il est quelques prix qu'on a négligé de proposer aux époques déterminées par ~~les fondateurs~~ les titres de fondations et l'Académie s'exposerait à des reproches peut-être même à des répétitions si elle ne s'empressait de réparer autant qu'il est en elle l'effet de ces omissions.

Je propose donc à l'Académie premièrement de ne regarder comme disponible sur le fond des prix que la somme de 30000#

Secondement de charger son comité de trésorerie ~~d'examiner [illegible]~~

ou telle autre Commission qu'elle
jugera à propos de nommer
de lui faire dans un court délai
un rapport seulement du prix qu'il seroit + dès le moment
convenable de proposer + soit
pour remplir les intentions du fondateur
soit pour concourir aux progrès des
Sciences et au perfectionnement
des arts

Lavoisier

n° 921 (Notes sur les pensions – corrections par Lavoisier) 8 p

Le Roy vient d'établir en faveur de l'académie une somme de douze mille livres pour être employés en frais d'expériences. Le public et les Ministres ont les yeux ouverts sur l'employ qui sera fait de cette somme, la gloire du Corps envisagée sous differents points de vüe se réunit donc à l'intérêt des Sciences pour exiger que l'académie fasse les dispositions les plus sages pour l'employ de ces fonds.

Quelques membres de l'académie ayant jugé qu'il étoit nécessaire que chacun proposa ses idées à ce sujet, j'ai pensé que si l'académie n'aprouvoit pas les miennes, elle voudroit bien au moins me tenir compte de mon zèle.

L'écueil le plus redoutable pour tous les corps littéraires, est

+ les travaux appartenant plutot aux membres qu'au corps ~~[illegible]~~ [illegible] sur les fonds de l'academie

L'academie ayant invité chacun de ses membres a proposer ses idés sur la meilleure distribution ~~employ~~ des douze mille livres qui lui ont eté accordés par le Roy pour employer en experiences je m'empresse de lui donner des preuves de mon zele ~~[illegible]~~ esperant que si le plan que je propose [illegible] adopté il fournira au moins a d'autres des idés qui pourront tendre a l'avantage commun des sciences et de l'academie.

Les travaux academiques me paroissent dans la circonstance actuelle devoir etre distingués en deux classes les uns ~~[illegible]~~ relatifs a des decouvertes particulières qu'[illegible] ~~[illegible]~~ gouverner leur sort ~~[illegible]~~ demandent a etre suivis dans le silence du laboratoire et du cabinet + il est impossible que l'academie puisse concourir des fonds a la suite des experiences qu'ont sortis de travaux [illegible] et les academiciens qui s'en occupent trouveront suffisamment leur recompense dans la gloire qui sera le fruit de leurs decouvertes. ~~il~~

il est un autre genre de travaux

qui ~~Consistent~~ ne sont point du meme genre et qui loin de demander du mistere paroissent exiger plutost de la publicité et le concours de plusieurs agens

l'engourdissement et l'inactivité; quoique l'academie des Sciences par la nature des objets dont elle s'occupe, et surtout par la sagesse de ses reglemens a moins a craindre cet écueil qu'aucun autre Corps littéraire; Il n'est pas difficile cépendant de s'apercevoir qu'elle a des instans de mouvement et d'activité; qu'elle en a d'autres au contraire de ralentissement et pour ainsi dire de Stagnation, et il ne seroit pas difficile de prouver qu'il est des Sciences dans lesquelles il y a eu des interruptions de 10. 15. et 20. ans.

L'ensemble de chaque Science n'étant que le résultat des travaux d'un grand nombre de Sçavants qui ont travaillés séparement à leur avancement, elles sont en quelque façon composées de pièces de raports, mais quand on veut faire usage de ces pièces, on trouve des lacunes immenses, et c'est principalement à remplir ces intervalles =

†† Ses reglemens, son institution [illegible]

[illegible]

Il consiste à répéter les expériences fondamentales non seulement annoncées par les anciens mais encore qui se publient dans toute l'Europe [illegible] ce qui ne peuvent être entrepris que par un corps [illegible] appuyé par le gouvernement ne conduisent pas toujours à des découvertes brillantes mais ont l'avantage de faire marcher la science en tout ordre [illegible] son progrès des expériences de ce genre seront suivant moi les seules auxquelles doivent être affectés des fonds académiques comme elles deviendront l'ouvrage du corps c'est au corps qu'il appartient de les payer et il ne doit rien y avoir qui deviennent une propriété particulière.

Qu'on ne croye pas que j'entende dire par là qu'on ne doive pas conserver à chacun la portion qu'il a eu dans le travail commun [illegible] ce seroit sans doute étouffer l'émulation et le zèle mais on entend seulement établir une distinction entre les expériences du corps et les expériences des particuliers.

C'est d'après ces vues générales qu'a été conçu le plan qu'on va proposer. Si la distinction qu'on vient de faire n'est point admise le plan est dans le cas d'être rejetté et il n'est proposé que dans cette seule hypothèse.

que doivent tendre les efforts de l'academie ††, il est nécessaire à cet effet que l'état de chaque science lui soit mis sous les yeux, que ses membres ayent des occasions fréquentes de s'apercevoir de ce que les sciences laissent à désirer, afin qu'ils soient naturellement portés à diriger leurs expériences sur les parties qui sont en souffrance.

Le plan qu'on va proposer, pour l'employ des 12000.# accordés par le Roy, a été formé pour remplir cet objet, et c'est sous ce point de vüe qu'on prie l'academie de l'envisager.

Tous les ans dans un tems déterminé, chacun des membres de l'academie sera tenu de déclarer par écrit quelles sont les expériences qu'il croit les plus utiles pour l'avancement des sciences dont il s'occupe, quelles sont celles qu'il se propose de faire par lui-même ou qui seroient de nature à être faites en société par la classe ou par quelques-uns des membres, enfin quel seroit l'objet des fonds qu'elles exigeroient.

Il sera tenue, par chacune des Six classes, une assemblée particulière où ces propositions seront discutées et examinées. les differentes pieces ou mémoires seront ensuite remis à celui qui sera choisi par la classe, pour en faire le raport, lequel sera lû et discuté dans une assemblée subséquente de la classe, et signé par ses membres.

Les trois classes de mathématique ayant par leur objet une analogie très marquée, elles pourront s'assembler ensemble, mais les autres classes s'assembleront séparement.

Si un anatomiste a quelque chose à proposer de rélatif à la botanique ou à la Chimie, ce sera à l'une de ces deux dernieres classes qu'il devra faire ses propositions, de sorte que ceux des académiciens qui travailleront sur différents objets, et qui s'occuperont de différentes sciences, en rendront compte à differentes Classes.

Lorsque le raport de chaque classe sera fait et signé, il sera lu à l'académie qui adoptera l'avis de la classe ou qui le reformera suivant qu'elle le jugera à propos, après quoi les différents raports seront remis au secrétaire pour en faire l'usage qui sera cy-après indiqué.

Ce ne seroit pas assés d'avoir mis sous les yeux de l'academie les objets de dépense à faire pour l'avancement des sciences, et d'avoir obtenu son jugement sur les objets qui peuvent mériter son attention, il faut encore pourvoir à la distribution des fonds, et cette fonction regardera exclusivement le Comité de trésorerie. Le nombre des Commissaires qui le composent n'étant maintenant que de quatre, il sera porté à six, choisis dans les six classes de l'academie, afin que chaque service ait son représentant

Ce sera à ce Comité que seront remis tous les raports qui auront été faits par chaque classe, cette assemblée ne poura dans aucun cas et sous quelque prétexte que ce soit, autoriser le payement d'aucune expérience qui n'aurait pas été aprouvée par l'academie, mais elle aura le droit de décider quelles sont celles des expériences, proposées qui méritent de préférence l'attention de l'academie, et d'éloigner les autres et même de les exclure.

Chaque année avant les vacances il sera arrêté par le comité un état portant affectation de fonds, l'extrait de cet état sera remis à chaque classe pour ce qui la concerne, et à chacun des membres chargés des expériences.

Chaque classe sera responsable de l'exécution des expériences proposées et le membre de l'academie qui représentera chaque classe dans le comité, sera tenu de rendre compte, au moins verbalemt. tous les trois mois, de ce qui a été fait en exécution des décisions de l'academie.

Les dépenses ne seront admises que d'après une aprobation + de la classe mise au bas de l'état de dépense et signée, [deux] mais cette aprobation qui sera en quelque façon la certification que les expériences ont été réellemt. faites n'empêchera pas que le comité n'ait droit de rayer ce qui excéderoit la somme affectée pour l'objet, sauf à retablir l'excedent sur les fonds de l'année suivante s'il y a lieu et que l'academie n'ait pas de dépense plus pressante ou plus intéressante.

+ mise par les commissaires precedemment chargés du rapport

Sur les 12000. il ne poura qu'en être employé plus de 3000 en instrumens de phisique, mathématique et astronomie.

Les dépenses relatives aux Voyages astronomiques ne pouront dans aucun cas être affectées sur les fonds de l'académie les frais de ces Voyages étant très considérables, et l'utilité qui en résulte étant principalemt. relative au Commerce et à la navigation, l'académie, lorsqu'il y aura lieu, poura s'adresser aux ministres de la Marine et de la finance pour demander un fond extraord.re sur l'un de ces deux Départemens.

Il ne sera affecté non plus sur les fonds de l'académie aucune dépense pour Voyages hors le Royaume et pour ceux même faits dans l'étendüe du Royaume, il ne poura être accordé plus de 1200# en totalité par an.

Lorsque l'académie aura nommé des Commissaires pour quelque raport important qui exigera des expériences elle pourra ordonner que ces expériences seront faites aux frais de l'académie mais alors il faudra qu'il en soit délibéré et les Commissaires ne pouront être nommés qu'au Scrutin.

Ces frais extraord.res n'ayant pû être prévus par le Comité de trésorerie les Commissaires seront tenus de faire l'avance des dépenses pour en être remboursés sur les fonds de l'année suivante. Ils auront le choix ou de présenter un aperçu des avances et de le faire aprouver par le Comité, ou de se reserver d'en présenter l'état après coup, mais dans cette derniere circonst.ce ils courreront les risques des diminutions qui pourroient être faites par le Comité.

L'academie ne s'exclud pas la faculté de rembourser les frais des expériences qui auroient été faites sans son aveu et sans son attache, + ~~mais comme elle n'aura pas pû prévoir~~ ces dépenses ni reserver des fonds pour y faire face, les remboursemens ne pourront être faits que sur les fonds de l'année suivante ~~et ce sera au Comité de trésorerie à decider s'il y a lieu d'accorder ou de refuser~~.

+ mais ce ne pourra être qu'après un rapport fait à l'academie et une deliberation ~~faite~~ prise au scrutin dans la forme precedemment exposée ~~et comme le comité n'aura pas pu prevoir les~~ le comité toutefois ne sera pas lié par cette approbation et il pourra differer moderer et supprimer ~~même supprimer~~ le payement des sommes portées aux mémoires attendu que les autheurs n'auront pas les formalités exigées, ~~ces~~ ces depenses qu'ils n'auront pas pris l'attache de la compagnie avant de commencer leurs experiences

Lavoisier

n° 924 —	Notes et plis cachetés —	8 p
925 —	" " —	2 p
926 —	" " —	7 p
927 —	Délibération " —	3 p

Lorsque dans une Compagnie composée de personnes éclairées et qui sont accoutumées à discuter des questions abstraites, les opinions se partagent sur un objet mis en délibération, on est en droit d'en conclure que la question n'a pas été suffisamment éclaircie par la discution, que l'objet a été envisagé sous des points de vue différens, et qu'au moins une partie des ~~opinions~~ [opinans] n'a point embrassé tout l'ensemble de la question.

Ces réflexions me paroissent applicables à ce qui s'est passé dans ~~une~~ [plusieurs] de nos séances ~~relativement~~ aux secrets [dans les cas qui se] ~~L'Académie s'est partagée en deux avis~~ [sont soumis] : les uns ont pensé qu'on devoit continuer de nommer, comme par le passé, des Commissaires pour examiner les secrets : ~~les~~ [quelques] autres sont partis de ce principe qu'on ne pouroit juger d'un objet sans le connoitre, et qu'il étoit par conséquent impossible de porter un jugement sur un secret.

Qu'il me soit permis d'observer que tout l'embarras de la dernière délibération n'a dépendu que d'un seul point, c'est que le mot de Secret n'a pas été suffisamment défini et que chaque membre de l'Académie l'a pris dans une acception différente, ensorte que ce n'est pas identiquement la même chose qu'on a eu intention d'adopter ou de proscrire.

Sans doute si un particulier venoit annoncer à l'Académie qu'il a trouvé un secret important pour les arts et que sans rien ajouter à cet énoncé il demandât des Commissaires, on auroit droit de lui répondre : nous ne pouvons juger que de ce que nous connoissons et nous ne pouvons accueillir vos propositions qu'autant que vous vous serez expliqué d'une manière moins vague et que vous nous aurez fait connoître au moins quel est votre objet et jusqu'à quel point vous l'avez rempli. Mais ce cas extrême ne s'est peut être jamais rencontré ; ce n'est jamais avec cette généralité absolue qu'on présente des secrets à l'Académie : on en spécifie toujours l'objet ; et si l'on cache les moyens, on en met toujours le résultat en évidence. Éclaircissons cet énoncé par quelques exemples.

Supposons qu'un particulier ait découvert un moyen de décomposer le sel marin et d'obtenir séparément l'acide muriatique et la soude qui entrent dans sa composition. Les Commissaires nommés par l'Académie prennent connoissance du procédé, l'exécutent par eux mêmes, et dans une séance suivante ils présentent l'acide et la soude qu'ils ont obtenus par le procédé de l'auteur : ils concluent dans leur rapport que ce procédé peut être utile aux arts qui emploient les alkalis ; qu'il peut procurer de l'acide muriatique ou marin à bon marché pour le blanchiment des toiles et de la soie : en adoptant les Conclusions de ses Commissaires, l'académie, sans doute, approuve un Secret; Mais il est évident que si elle n'a pas connu les moyens elle a du moins connu l'effet, que ce n'est par sur le Secret qu'elle a prononcé, mais sur le résultat qui est sensible et sur lequel elle n'a pas pu se tromper, ~~et qu'on~~ ainsi on ne peut pas dire dans ce cas qu'elle ait jugé sans connoitre.

Posons encore un exemple du même genre: un particulier a découvert un moyen de fixer sur la laine la coûleur du bois de fernambouc et de faire avec cette substance végetale une teinture du même dégré de beauté et de solidité que celle qu'on obtient avec la Cochenille dans le procédé de l'écarlatte. Les Commissaires nommés par l'Académie prennent connoissance du procédé, ils l'exécutent et obtiennent un résultat analogue à ce que l'auteur avoit annoncé; ils mettent sous les yeux de l'Académie les échantillons qu'ils ont obtenus, et sur leur rapport elle juge que les moyen proposé peut être utile aux arts et apporter une grande économie dans la teinture en écarlate. Quoique dans cet exemple comme dans le précédent l'académie ait réellement donné son approbation à un secret, il est évident que ce n'est pas sur le secret qu'elle a prononcé, mais sur le résultat qui est visible et palpable et sur lequel elle n'a pu se tromper.

Je n'ajouterai plus qu'un troisième et dernier exemple +. Un artiste apporte à l'Académie un quart de cercle qu'il annonce avoir été divisé par une méthode nouvelle, beaucoup plus expéditive et beaucoup plus exacte que celles qui ont été employées jusqu'alors; il ajoute qu'au moyen de son procédé il est en état de vendre ses instruments à un prix moitié moindre que les autres artistes. La classe d'Astronomie est nommée par l'académie, les faits annoncés se trouvent confirmés par les commissaires et le quart de cercle

> + peut être encore plus frappant que les précédents comme les applications sont peut être encore plus fréquentes

surtout se trouve très bien divisé. Ils concluent à l'approbation et leur jugement est adopté par l'Académie. Certainement il seroit injuste de refuser dans ce cas une approbation à l'artiste sous prétexte qu'il n'auroit pas exécuté son instrument sous les yeux de l'Académie. On peut appliquer les mêmes réflexions à une montre, à une lunette; l'artiste en se réservant le secret du procédé abandonne l'effet au jugement de l'Académie. Il n'est jamais venu en idée d'exiger de celui qui présente une machine quelconque, d'y joindre tous les détails de l'art qu'il s'est formé pour ainsi dire à lui même pour parvenir à son but.

Mon objet en rapportant ces exemples est de faire sentir que dans tout procédé relatif aux arts et aux sciences, il y a trois choses à distinguer, le but, les moyens et le résultat. J'appellerai secret absolu celui dans lequel ces trois choses seroient inconnues et il est évident que quand il sera présenté à l'Académie un secret de cette espece, il lui sera impossible de prononcer sur son mérite. Mais lorsque le but du procédé est connu, que le résultat en est matériel et palpable, il est évident qu'elle peut prononcer quoique les moyens d'exécution lui soient inconnus.

Le procédé particulier qu'un artiste a imaginé pour produire un effet est entre ses mains une propriété que nous devons respecter. C'est bien assez, et c'est peut être déjà trop que d'exiger qu'il confie à des commissaires de l'Académie un secret ~~sur lequel est fondé l'espérance de sa famille~~; gardons-nous d'exiger encore qu'il le rende public. Continuons d'accueillir les Artistes comme nous l'avons toujours fait et comme nos prédécesseurs nous en ont donné l'exemple. Continuons d'applaudir à leurs inventions et à leurs découvertes et de leur accorder la seule récompense qui soit à notre disposition, une place honorable dans l'opinion publique.

Nul inconvénient sans doute à prendre une forme plus régulière pour le choix des Commissaires; ~~qu'ils soient nommés si on le désire au scrutin; que l'Académie se rende sévère sur les approbations~~? mais rejetter comme on le propose tous les secrets en général sans distinction et sans examen, ce seroit alors qu'on pourroit à bon droit reprocher à l'Académie de juger avant d'avoir connu.

Quelque soit le parti que prenne l'Académie sur ~~cette~~ question importante, elle ne doit pas perdre de vue qu'elle ne peut déroger aux Délibérations relatives à ses reglemens qu'avec la pluralité des deux tiers des voix. ~~Cette~~ forme lui a été prescrite par une lettre du Ministre écrite au nom du Roi, qui a été reçue dans le tems avec acclamation. Si cette Loi n'existoit pas, il faudroit en sollicitter l'établissement; à plus forte raison est il important de ne pas l'enfreindre puisqu'elle existe.

~~ainsy en supposant que toute l'apparence ... a exclure les secrets ... a modifier nos réglemens.~~

Dans les réflexions que j'ai presentées à l'Académie, j'ai fait observer qu'on devoit distinguer dans tout Secret le but, les moyens et le resultat ; qu'en conséquence les Secrets qu'on lui presentoit se divisoient naturellement en différentes classes. Secrets absolus, ce sont ceux dans lesquels le but, les moyens et le résultat sont inconnus ; Secrets partiels, ce sont ceux dans lesquels le but et le resultat sont connus quoique les moyens soyent cachés : enfin j'ai fait voir par des exemples que les propositions faites à l'academie pouvoient être variées sous tant de formes qu'il étoit impossible de se décider d'avance à les admettre toutes, comme à les rejetter toutes.

On ne peut donc pas délibérer par oui et par non, comme l'a proposé M. de Condorcet, sur la question de savoir si on doit continuer d'admettre les Secrets à l'Académie. La question sous cette forme tendroit à égarer le voeu de l'Académie, puisque chacun des opinans donnant sa voix suivant l'acception particuliere qu'il donneroit au mot Secret ; il n'y auroit point d'unité dans la Délibération, et l'Académie n'auroit pas réellement prononcé sur une chose identique.

Un objet quelconque ne peut être mis en Délibération qu'autant qu'il est simple ; dès qu'il devient plus compliqué, il doit former le sujet d'un Reglement, parcequ'on peut dans un Reglement distinguer définir, analiser et qu'on ne le peut pas de même dans une simple délibération.

Ces réflexions m'ont persuadé qu'on ne pourroit mettre un terme aux discussions qui divisent l'Académie relativement aux secrets que par un Reglement dans lequel chacun des membres de l'Assemblée trouveroit le developpement de ses idées : je propose à l'Académie d'en entendre un projet de rédaction.

J'ajouterai seulement ici avant d'en faire la lecture qu'il n'est point de Corps, point de constitution quelqu'elle soit qui ne puisse être représentée ; l'Académie qui est un Corps peut donc être représentée par des commissaires choisis librement par elle et que la preuve qu'elle peut l'être c'est qu'elle l'est en effet pour les prix et même jusqu'à un certain point pour tout les Rapports qui ne sont point à la portée de toutes les classes de l'Académie. Comme on ne peut juger que de ce qu'on peut entendre, il est évident que l'Académie s'en rapporte alors à ceux qui entendent et qu'ils sont véritablement dans ce cas les représentans de l'académie.

Je suis loin de vouloir prétendre qu'il y ait une similitude absolue entre le jugement des secrets, celui des prix et celui des matières abstraites et hors de la portée d'une grande partie des membres de l'Académie. ~~J'observerai seulement~~ mais je crois pouvoir affirmer que l'Académie en prononçant sur un secret dont le résultat est palpable et qui a été vérifié par ses Commissaires a une probabilité plus grande de ne s'être point trompée dans son jugement que quand elle prononce sur un mémoire de Géométrie dont les Commissaires n'ont pas pu ~~le plus souvent~~ le plus souvent vérifier les calculs

ni même
Suivre la métaphisique.

Il faut pour être conséquent ou tout admettre ou tout rejetter ce qui est de même genre et il est aisé de voir que si les idées n'étoient pas ramenées à un certain point de fixité par un Reglement, l'Académie se trouveroit insensiblement entraînée beaucoup au delà du but.

926

On a agité à la dernière séance une question importante pour l'Académie et dont la solution intéresse plus qu'on ne le croiront d'abord l'encouragement des arts et de l'industrie. Cette question est de savoir si on doit continuer ou non de nommer des commissaires pour l'examen des secrets presentés à l'Académie ainsi qu'on l'a toujours fait. Ceux des membres de l'Académie qui se sont déclarés pour la négative se sont fondés sur ce que pour juger il falloit connoitre, et qu'il étoit par conséquent impossible de porter un jugement sur un secret.

Les académiciens qui se sont rangés pour l'opinion opposée ont observé que l'Académie en nommant des commissaires les constituoit ses représentans ; qu'elle les rendoit juges et garants des faits, et que parconséquent lorsqu'elle prononçoit d'après leur rapport, même sur des procédés secrets, on ne pouvoit pas dire qu'elle jugeât d'un objet inconnu puisqu'elle en avoit pris connoissance par ses représentans. Qu'elle avoit toujours au surplus le droit d'admettre

que celle de l'écarlate faite avec la Cochenille. Les Commissaires nommés exécutent le procédé de l'auteur, ils obtiennent un résultat analogue à ce qu'il avoit annoncé ; et, sur leur rapport, l'académie juge que ce procédé peut être utile aux arts et apporter une grande économie dans celui de la teinture sur laine. Quoique dans cet exemple, comme dans le précédent, l'académie ait approuvé un secret, elle a réellement prononcé très en connoissance de cause parceque ce n'est pas sur le procédé matériel qu'elle a jugé, mais sur le résultat, et que ce résultat n'a pas été moins palpable pour elle quoiqu'elle ne l'ait pas vu opérer.

Troisieme exemple. Un artiste apporte à l'Académie un quart de cercle qu'il annonce être divisé par une méthode beaucoup plus expéditive et beaucoup plus exacte que toutes celles employées jusqu'alors, ce qui lui permet de vendre ses instruments à un prix moitié moindre que les autres artistes. La classe d'astronomie est avancée et les faits annoncés se trouvent confirmés par l'examen des Commissaires ; ils concluent à l'approbation et leur jugement est adopté par l'académie. Quoique dans ce cas comme dans les précédens, l'académie ait prononcé sur un secret, il est évident que son jugement a porté, non sur le procédé qui lui étoit inconnu, mais sur le résultat qu'elle connoissoit et sur lequel il ne lui étoit pas possible de se tromper.

Il y a donc, relativement aux secrets présentés à l'académie, des nuances d'une infinité d'espèces qu'il est important de ne point confondre : et que s'il y a de très bonnes raisons pour rejetter ce que j'appellerai des secrets absolus, il y en a de meilleures encore pour admettre les procédés secrets dont les résultats sont connus et palpables. Enfin que prononcer par une Délibération générale qu'on doit écarter tous les secrets de quelque nature qu'ils soient, c'est confondre une infinité de cas très distincts et imposer pour l'avenir à l'académie des loix auxquelles son intérêt, celui des arts, du commerce et de l'industrie lui feront regretter d'avoir donné sa sanction.

C'est ce qui fait que cette question de savoir si on doit ou non examiner les secrets

927

Délibération.

L'Académie désirant de contribuer de plus en plus à l'encouragement des Sciences et des arts; craignant également et de repousser les découvertes utiles et, ce qui seroit plus dangereux encore, d'accueillir le charlatanisme, et voulant prévenir l'abus qu'on a fait en quelques occasions, de ses approbations pour solliciter du Gouvernement des privilèges ou des recompenses qui n'avoient pas été méritées, elle a arrêté ce qui suit

Art. 1er

L'Académie, conformément à ses Reglemens, et à ses anciens usages, ne rejettera sans examen rien de ce qui lui sera présenté relatives aux arts et aux Sciences si ce n'est ce qui concerne la quadrature du Cercle, la trisection de l'Angle, le mouvement perpetuel; objets sur lesquels elle s'est precedemment expliquée.

Scrutin

tems du depos

+ et au choix du president ou directeur

Art. 2.

Toutes les fois qu'il s'agira d'un objet dont les auteurs croiront devoir se reserver le secret, l'academie nommera au scrutin, pour l'examiner, trois ou cinq commissaires, suivant l'importance du sujet +, et ces commissaires seront choisis par tous les membres de l'academie sans exception

Art. 3.

La partie secrete du procédé sera confiée aux commissaires qui en feront le dépôt cacheté au secretariat pour être annexé au rapport et ces dépots seront ouverts et deviendront entierement à la disposition de l'academie après un tems revolu qui sera fixé ++

++ de concert par les commissaires et par le proprietaire du secret et dans le dernier cas donnera sa [connaissance] par ecrit signé

Art. 4.

L'academie n'accordera son approbation sur les rapports qui lui seront faits que d'après des preuves materielles et palpables, susceptibles d'être mises sous les yeux par les commissaires et qui ne laisseront aucun doute sur la realité du secret; tout secret vague dont il ne pourra être produit par les commissaires aucun résultat matériel, comme aussi tout procédé qu'ils n'auront point exécuté ou fait executer sous leurs yeux sera rejetté ~~comme n'étant pas digne de l'attention de l'Académie~~

Art.e 5.

Pour éviter que les conclusions des commissaires ne gênent le jugement de l'Académie et réciproquem. pour que les Commissaires soient libres de donner leurs conclusions comme ils le jugeront à propos, le prononcé de l'Académie sera transcrit à la suite du Rapport à peu près en ces termes : l'Académie après avoir entendu la lecture du rapport ci dessus a jugé &a. . . . . .

Art.e 6.

Toutes les fois que l'Académie aura nommé des Commissaires et qu'ils auront fait leur rapport, soit qu'il soit approbatif ou non, il ne pourra en être délivré ni copie ni extrait par les Commissaires, mais seulement par le secrétaire, et du consentement de l'Académie.

Lavoisier

n° 932 (Projet de règlement pour 1793) — 1̶7̶ + 1 p

1793

932

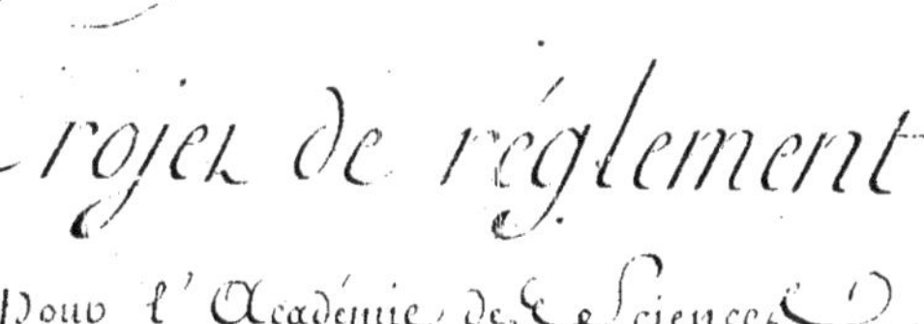

Projet de réglement pour l'Académie des Sciences.

932

Composition de l'Académie.

Art.e 1er

L'Académie sera divisée en deux sections principales, l'une composée de membres résidens dans le lieu de ses séances ; l'autre de membres non résidens.

Art.e 2e

Les Académiciens résidens appartiendront spécialement à huit classes de sciences, qui embrassent l'ensemble des travaux dont l'académie s'occupe, savoir une pour la Géométrie, une pour la Mécanique ; une pour l'Astronomie ; une pour la Physique mathématiq. une pour l'Anatomie ; une pour la Chimie ; une pour la Botanique et l'Agriculture ; une pour la Zoologie et la Minéralogie.

Art.e 3e

Chaque Classe sera composée de six membres qui seront inscrits de suite sur la Liste de leur Classe dans l'ordre de leur réception à l'Académie.

Art.e 4e

Il y aura douze Académiciens résidens qui ne seront attachés à aucune classe en particulier. Ils seront, quant à présent, formés de la réunion des Académiciens qui étaient cidevant connus sous les noms d'honoraires et d'associés libres ; mais comme le nombre de ces Académiciens excède celui qui vient d'être fixé, il sera successivement diminué comme il suit :

A la 1re place qui vacquera il ne sera point fait de nomination.

Il en sera fait une à la seconde,

Il n'en sera pas fait à la troisième,

Il en sera fait une à la quatrième et ainsi de suite jusqu'à ce que le nombre des académiciens non attachés aux classes soit réduit à douze, et dès lors il y sera invariablement maintenu.

Art.e 5.e

Il n'y aura plus dorénavant de classe particulière pour la Géographie. Le Géographe actuel sera inscrit à son rang d'ancienneté dans la classe de Physique mathematique, et il y aura toujours dans cette classe un Académicien spécialement chargé de la Géographie.

Art.e 6.e

La Section des Académiciens non résidens sera composée. 1.° de huit Académiciens qui seront choisis parmi les Savans étrangers les plus distingués. 2° de huit Académiciens choisis dans les Départem.ts de la République.

Il ne sera nommé à ces places que des savans connus par des ouvrages imprimés, par des mémoires lus ou adressés à l'académie et qui auront été jugés dignes de l'impression, ou par des cours publics faits avec distinction.

Art.e 7.e

Tous les académiciens résidens ou non résidens, présens aux séances, auront voix délibérative. Les Académiciens non résidens cesseront cependant de jouir de cette prérogative après un séjour d'une année dans le lieu des séances de l'Académie, à moins qu'ils ne soient membres du Corps Législatif, ou chargés de missions publiques pour un tems limité.

Art.e 8.e

Il y aura un Secretaire et un Tresorier l'un et l'autre officiers perpetuels de l'Académie qui pourront être choisis indistinctement parmi tous les Académiciens résidens.

Art.e 9.

Il ne sera jamais accordé à l'avenir de place de surnuméraire.

932

Régime de l'Académie.

Art.e 10.e

L'Académie sera présidée par deux officiers appellés Président et Vice Président, qui pourront être choisis indistinctement parmi tous les Académiciens résidens, les deux officiers perpetuels exceptés.

Art.e 11.e

Le Vice Président sera élu au scrutin dans la première séance après la séance publique du mois de Novembre; il succedera de droit au Président.

Art.e 12.e

Les fonctions de ces deux officiers ne dureront qu'un an. Le président sortant ne pourra être réélu à la place du Vice Président qu'après un intervalle de quatre années.

Art.e 13.e

En cas d'absence du Président et du Vice Président, il sera remplacé par l'Académicien sorti le plus nouvellement de la présidence. Si un des Anciens ex Présidens avait commencé à tenir la séance il continuerait et ne céderait la place qu'au Président ou au Vice-Président en fonctions.

Art.e 14.e

Lorsque par maladie ou par d'autres causes, le Trésorier ou le Secretaire ne pourra assister à l'académie, il se fera remplacer indistinctement par tel académicien qu'il jugera à propos mais sans que cela forme pour celui ci aucun titre pour prétendre à la place de Tresorier ou de Secrétaire.

Art.e 15.e

L'Académie admettra dans ses assemblées particulières les savans et Artistes qui auront à lui presenter des mémoires, des machines ou des instrumens: Le Président nommera des Commissaires pour en rendre un compte détaillé et raisonné; mais l'académie n'examinera aucun ouvrage déja connu par la voie de l'impression.

Art.e 16.e

Lorsque l'Académie sera consultée par les autorités constituées elle nommera au scrutin tel nombre de Commissaires quelle jugera convenable pour examiner l'objet qui lui aura été renvoyé; et elle pourvoira, autant quelle le pourra, sur ses fonds, aux frais des expériences quelle croira necessaires.

Art.e 17.e

Les reglemens relatifs au régime intérieur, à la police et aux affaires de l'académie ne pourront être faits ou modifiés ou abrogés qu'a une majorité des deux tiers au moins des suffrages. L'objet de la délibération sera inscrit sur le pluraitif, si l'académie juge quil y a lieu de s'en occuper; et la discussion ne s'ouvrira que quinze jours après cette inscription.

Art.e 18.e

L'Académie ne pourra prendre de délibérations relatives à ses reglemens qu'autant que le nombre des membres presens et ayant voix délibérative sera de trente au moins; si le nombre est moindre, la délibération sera renvoyée, mais toujours à époque fixe.

Toutes les fois que trois Académiciens demanderont qu'une délibération quelconque en matiere de sciences ou de reglemens, soit prise au scrutin, le scrutin ne pourra être refusé.

Fonctions.

Art.e 19.e

Celui qui présidera l'assemblée, y maintiendra l'ordre; fera lire les mémoires et rapports; proposera les délibérations et mettra les propositions aux voix ou au scrutin.

Art.e 20.e

Le Secrétaire tiendra le journal des séances de l'Académie; il y

recueillera la notice des mémoires qui auront été lus, des machines et ouvrages qui auront été présentés, des rapports qui auront été faits, des discussions importantes qui auront eu lieu sur des objets relatifs aux Sciences: Il y transcrira littéralement le résultat des délibérations particulières qui auront été prises; il ouvrira la séance suivante par la lecture du journal de la précédente, il le paraphera et le fera signer par le Président. Ce journal sera ensuite transcrit conformément à l'ancien usage, sur un registre, ainsi que les différentes pièces qui y auront rapport.

Art.e 21.e

Le Secrétaire donnera en tête de chaque volume, sous le titre général d'histoire de l'Académie et suivant l'ancien usage. 1.° Le compte des travaux de l'Académie. 2.° L'Extrait des mémoires insérés dans le volume. 3.° Un précis des ouvrages approuvés par l'Académie, qui auront été imprimés à part. 4.° Les éloges des Académiciens morts pendant le cours de l'année. Il aura soin de rassembler les mémoires rapports et pièces destinés à former le volume; il en surveillera l'impression.

Art.e 22.e

Il lira dans les assemblées publiques les annonces faites au nom de l'académie; il présentera le tableau abrégé de ses travaux, et lira les éloges des Académiciens morts. Il rédigera les lettres qui devront être écrites au nom de l'Académie. Tous les papiers et mémoires concernant les Sciences et appartenant à l'Académie, demeureront entre ses mains; et il en délivrera des copies, des extraits, même les originaux suivant que l'Académie l'aura prononcé; il continuera de jouir des 300.# accordées pour frais d'écriture.

Art.e 23.e

Le Trésorier aura le Dépôt des fonds de l'Académie et il ne pourra en disposer que dans la forme indiquée par les articles ci après. Il suivra le recouvrement de toutes les sommes qui composent le revenu de l'Académie, notamment des 16,000.# qui lui sont accordées pour frais d'expériences, constructions et machines; de 3100.# mises à sa disposition par le Décret du 22 mai 1793; de la somme de 1838.# 10. accordée pour dépenses courantes; de celle de 13320.# 10.s destinée à être repartie à chaque séance aux Académiciens présens; des 500 accordées pour frais d'écritures du Secrétariat. Il fera rentrer toutes les sommes dues à l'Académie, pour vente des ouvrages imprimés pour son compte, ou pour quelque cause que ce soit. Il fournira quittance du tout en sa qualité de Trésorier de l'Académie, à la charge d'en rendre compte ainsi qu'il sera déterminé ci après.

Il continuera de jouir d'une somme de 600.# pour frais d'écriture et de 50.# pour frais de bureau.

Art.e 24.e

L'Académie choisira au Scrutin parmi tous les académiciens résidens, à l'exception seulement du Secrétaire et du Trésorier, un membre qui sera chargé de rediger et de publier le livre de la connaissance des tems; un autre Académicien qui sera chargé de faire l'extrait des Mémoires lus par les Académiciens et des ouvrages qu'ils publient séparement; ces extraits seront lus à l'académie des Inscriptions et belles Lettres. Un troisième académicien sera chargé de la Garde de la Bibliothèque.

Art.e 25.e

Il y aura un Comité toujours subsistant pour examiner les Mémoires destinés à l'impression dans les recueils de l'académie, et les travaux particuliers du Secrétaire, vérifier l'état de la Caisse; déterminer l'emploi des fonds disponibles, faire rendre chaque année les comptes du Trésorier. Aucune dépense ne pourra être ordonnée directement par l'académie, sans un rapport préalable de ce Comité.

Art.e 26.e

Le Comité sera composé du Président, du Vice Président du Secrétaire, du Trésorier et de six Académiciens choisis au scrutin par l'académie parmi les Académiciens résidens. De ces six académiciens trois sortiront, par la voie du sort, à la fin de la première année

et seront remplacés par trois autres élus au scrutin qui resteront pareillement pendant deux ans et ainsi de suite. Les élections pour ce Comité se feront chaque année à la seconde des séances qui suivront la rentrée publique du mois de Novembre.

Art.e 27.

La nomination aux traitemens particuliers mis à la disposition de l'Académie par le Décret du 22 mai 1793. sera faite par le Comité auquel se réuniront les huit anciens des Classes. Cette nomination sera annoncée par un billet de convocation qui sera envoyé huit jours d'avance à tous les membres qui doivent y concourir.

Art.e 28.e

Il sera tenu chaque année dans le mois de Décembre un Comité extraordinaire composé des membres ordinaires du Comité et de cinq commissaires choisis au scrutin parmi tous les Académiciens résidens. Le trésorier présentera dans cette séance le tableau des fonds disponibles pour les expériences, constructions d'instrumens, voyages, imprimés, publication d'ouvrages et autres dépenses extraordinaires de l'académie. Le Comité examinera les différentes demandes faites par les académiciens, discutera les emplois de fonds les plus utiles au progrès des Sciences, et arrêtera un ordre de distribution pour toute l'année.

Art.e 29.e

Le Comité s'assemblera au moins une fois par mois à la suite des séances de l'académie et de plus toutes les fois qu'il en sera requis pour affaires pressées. Ses délibérations seront inscrites sur deux registres, l'un pour tout ce qui sera relatif à la comptabilité l'autre pour tous ce qui concernera les objets de librairie et autres qui n'auront pas de rapport aux emplois de fonds. Le Trésorier fera transcrire sur un régistre particulier toutes les lettres relatives aux affaires de l'académie; ainsi que toutes les pieces qui pourront en faciliter la connaissance et l'expédit.on Il se conformera aux Suppléans pour les détails de la Comptabilité, aux délibérations qui seront prises par le Comité.

Art.e 30.e

Les machines, instrumens et effets composant le cabinet de l'académie seront sous la responsabilité du Trésorier. Les livres et manuscrits de la Bibliothèque sous la responsabilité du bibliothécaire. L'un et l'autre, seront sous l'inspection immédiate du Comité. Tous les ans dans le courant de mai, il sera fait une reconnaissance des livres, machines et instrumens, tant de ceux qui seront dans les Cabinets de l'académie que de ceux qui seront entre les mains des Academiciens.

Art.e 31.e

L'académie s'assemblera deux fois par semaine, le mercredi et le samedi, les assemblées commenceront à quatre heures précises dans tous les tems de l'année; elles finiront à cinq heures et demie a compter de la rentrée du mois de Novembre jusqu'à l'equinoxe du printems et dureront jusqu'à six heures pendant le reste de l'année. Tous les academiciens écriront dans l'ordre de leur arrivée leur nom sur un registre. A quatre heures sonnantes à la pendule de l'académie, le président tirera une barre au dessous des noms écrits. Les Academiciens qui viendront ensuite inscriront au dessous de la barre et n'auront point droit à la distribution des jettons.

Si le mercredi ou le samedi est un jour de fête l'académie s'assemblera la veille.

Art.e 32.e

Il sera tenu tous les ans deux assemblées publiques chacune de deux heures. L'une le mercredi d'après la semaine de Pâques, l'autre le premier mercredi ou samedi après le 25. 9bre. indépendamment de la lecture des éloges et autres objets dont le Secretaire est chargé par l'art. 22, il y sera lû par les académiciens des memoires abrégés sur l'objet de leurs travaux.

Art.e 33.e

Aucune pièce ne pourra être lüe dans ces seances qu'elle n'ait été auparavant lüe dans le Comité. L'ordre et le choix des lectures y seront arrêtés; et les contestations qui pourront s'élever à ce sujet seront décidées à la pluralité des voix.

Art.e 34.e

L'académie entrera en vacances après le mercredi ou le samedi qui précédera immédiatement le 1.er 7.bre jusqu'au premier mercredi ou samedi après le 25 novembre. De plus elle vaquera pendant la quinzaine de Paque. Les vacances actuelles de Noel et de la Pentecote seront supprimées.

Traitement des Académiciens.

Art.e 35.e

Les traitemens accordés aux académiciens seront distingués en deux classes; les uns qui étaient anciennement connus sous le titre de Grandes Pensions porteront le nom de Traitemens ordinaires; les autres qui étaient connus sous le titre de Petites Pensions s'appelleront Traitemens particuliers

Art.e 36.e

Les traitemens ordinaires seront ~~affectés~~ comme par le passé aux seuls académiciens résidens attachés aux classes, ils seront de trois espèces et iront en augmentant suivant cet ordre. Le 1.er sera de 1200.tt Le 2.e de 1800.tt le 3.e de 3000.tt Les académiciens qui y auront droit, les toucheront directement à la Trésorerie N.ale sur leur quittance individuelle

Art.e 37.e

La distribution de la somme de 8,100.tt qui a été mise à la disposition de l'académie par le Décret du 22 mai 1793 et qui comprend les traitemens de la 2.e classe, c'est à dire les traitemens particuliers, sera faite quant à présent ainsi qu'il suit:

A l'académicien chargé de rédiger le livre de la connaissance des tems	800.tt
A l'académicien chargé de la rédaction des extraits	800.
Au Bibliothécaire	500.
Sept traitemens particuliers savoir	
Un de 600 et 6 de 500.tt	3600.
A l'huissier de l'académie	1000.
Au garde du Cabinet	500.
Au Dessinateur et graveur	900.
Total	8,100.tt

Art.e 38.e

Les traitemens particuliers seront à l'avenir incompatibles avec les traitemens ordinaires : il ne sera fait d'exception qu'à l'égard de la connoissance des tems, dont la redaction, vu l'importance de son objet et le petit nombre de personnes sur lesquelles peut tomber le choix de l'académie, pourra être confiée à un académicien jouissant deja d'un traitement de douze cent livres et même de 1800.# l'académie entiere nommera à cette place et à la redaction des extraits sans qu'il soit besoin de présentation.

Art.e 39.e

Les Académiciens actuels conserveront les traitemens dont ils jouissent. A l'avenir les traitemens ordinaires cesseront d'être attachés aux classes et les Académiciens obtiendront de droit, suivant leur ordre d'ancienneté, ceux qui viendront a vaquer; mais à l'égard des Académiciens admis dans les classes avant le reglement actuel, le droit qu'ils avaient de succeder aux traitemens suivant l'ordre de leur ancienneté dans leur classe leur sera conservé; ensorte que si un premier, second ou troisieme traitement venant a vaquer un académicien admis dans les Classes avant le reglement eut eu droit a un traitement du même genre en suivant l'ordre de choses antérieur à ce reglement, le traitement lui sera accordé nonobstant l'ancienneté des autres Académiciens. Il sera conservé a cet effet au Secretariat un état des Classes de l'académie tel qu'il était avant le present reglement.

Art.e 40.e

Le Trésorier ou le Secrétaire actuels seront inscrits dès ce moment dans les classes d'où ils ont été tirés, au rang de leur ancienneté. Ils pourront dans la suite parvenir aux traitemens ordinaires de l'Académie suivant leur ordre d'ancienneté respective; mais ce ne sera qu'après que tous les autres académiciens actuels des classes seront devenus Pensionnaires. Ils passeront à cet egard seulement avant les Académiciens reçus depuis le nouveau reglement. Les traitemens particuliers dont ils jouissent maintenant leur seront conservés.

Il en sera de même pour l'associé géographe actuel.

Art.e 41.e

A la nomination d'un nouveau Trésorier ou Secrétaire, il sera attribué à chacun deux mille livres de traitement pour son travail; de plus tous deux parviendront à leur tour aux pensions ordinaires, s'ils sont tirés des classes. Lorsqu'ils auront été pris parmi les académiciens non attachés aux classes, ils n'auront jamais que leur traitement primordial de 2000.lt

Art.e 42.e

Si le Secrétaire ou le Trésorier actuel donne sa démission, il conservera pendant sa vie 1000.lt de pension; ce qui est l'excédent de son traitement actuel sur celui qui est attribué par l'art. precedent, à ses fonctions.

Art.e 43.e

Si le nouveau Trésorier ou Secrétaire qui aura succedé à l'un des officiers actuels, vient à se démettre de sa place, il ne lui sera accordé aucune pension de retraite parceque s'il a été tiré des classes il aura conservé le droit d'arriver à son tour aux traitemens ordinaires; et que s'il a été choisi parmi les académiciens residens, mais hors des classes, il est exclu de tout traitement.

Art.e 44.e

Les Académiciens qui auront assisté à chaque séance et qui seront arrivés avant que la barre ait été tirée auront droit à la repartition proportionnelle de la somme annuellement accordée pour les jettons.

Prix.

Art.e 45.e

Lorsque l'Académie proposera des prix, elle fera connaître les conditions particulières du Concours par des programmes imprimés.

Art.e 46.e

A la premiere séance qui suivra la clôture des concours,

l'Académie nommera au Scrutin cinq Commissaires qui prononceront définitivement au nom de l'académie sur l'adjudication du prix; mais ils seront tenus de notifier à l'académie dans la troisième séance avant les vacances qui précéderont le jour destiné à la proclamation de leur jugement, que le prix est donné ou remis à une autre époque, sans nommer d'ailleurs, dans le premier cas, les auteurs des pièces couronnées.

Art.e 47.e

S'il y a lieu à proposer un nouveau prix sur les mêmes fonds et pour le même genre de questions, les Commissaires indiqueront à l'Assemblée le sujet d'un nouveau prix, et l'académie prononcera sur cet objet soit sur le champ soit dans l'une des deux séances suivantes.

Art.e 48.e

A l'égard du prix d'utilité publique fondé par l'assemblée constituante; il sera nommé au Scrutin pour le juger, trois semaines avant les vacances de Pâques, un commissaire de chacune des classes, et un académicien non attaché aux classes. Le jugement qu'ils auront prononcé sera proclamé à la séance publique par le Secrétaire.

Elections des membres de l'Académie.

Art.e 49.e

Lorsqu'il vaquera une place à l'académie l'officier président le notifiera à l'assemblée; et à compter de cette notification que le Secrétaire écrira sur son registre, on laissera écouler un mois sans rien statuer sur la nomination à la place vacante, afin de donner aux aspirans le tems de manifester leur vœu et d'établir leurs titres.

Art.e 50.e

Ce mois étant passé l'académie décidera à la pluralité des voix, mais au Scrutin, s'il y a lieu à nommer à la place vacante ou s'il faut différer l'élection.

Art.e 51.e

Tout aspirant à une place d'académicien attaché aux classes

devra être connu de l'Académie par des mémoires ou des ouvrages dans le genre de la classe à laquelle il aspire.

Art.e 52.e

Ceux qui prétendront aux places d'académiciens résidens ou étrangers attachés ou non attachés aux classes devront être connus par des preuves publiques de leurs talens dans les sciences mathematiq. ou Physiques.

Art.e 53.e

Lorsqu'on aura décidé qu'il faut faire une élection, elle sera indiquée huit jours d'avance pour une assemblée fixe d'académie, et il faudra qu'a cette séance il y ait au moins trente votans; si non l'élection sera renvoyée à un autre jour fixe avec pareille condition. Si ce jour il se trouve moins de trente votans on renverra encore l'élection a un autre jour fixe, alors on fera l'élection quelque soit le nombre des votans.

Art.e 54.e

Si c'est dans une des classes que vacque la place, ceux qui la composent s'assembleront et presenteront à l'Académie les sujets qu'ils croiront les plus dignes de la remplir dans l'ordre qui sera arrêté entr'eux. Si à l'instant où la présentation aura été faite, un membre quelconque de l'académie réclame en faveur d'un sujet qui n'aurait pas été présenté par la classe, l'académie délibérera sur le champ et décidera au scrutin s'il doit être présenté.

Art.e 55.e

Si c'est dans la section des académiciens non attachés aux classes que vacque la place, la présentation sera faite par neuf commissaires dont un dans chacune des huit classes et le neuvième parmi les Académiciens qui ne sont attachés à aucune classes.

Tout suffrage qui aurait été donné à un sujet non présenté sera nul.

Art.e 56.e

Chaque Electeur écrira sur un billet le nom du concurrent qu'il croira le plus digne de la place vacante. Si un concurrent réunit plus de la moitié des suffrages, il sera regardé comme élu.

Art.e 57.e

Lorsqu'aucun des concurrents ne réunira plus de la moitié des suffrages, on choisira les trois qui en réuniront le plus pour en faire l'objet d'un second scrutin dont les autres seront exclus. Si pour ce choix on a plus de trois sujets à raison de quelque parité dans le nombre des voix, l'académie levera l'incertitude résultante du scrutin général, par des scrutins particuliers et seulement relatifs aux sujets que cette incertitude regarde. Si cette épreuve donne un resultat douteux; alors la question sera soumise à la votation des sept plus anciens académiciens ayant droit de suffrage et présens à la séance. Enfin si cette seconde épreuve donnait encore un resultat douteux (ce qui ne serait par rigoureusement impossible.) la question serait décidée par l'académicien qui suivrait les sept premiers dans l'ordre d'ancienneté.

Art.e 58.e

La question étant ainsi réduite à voter entre trois sujets chaque Electeur écrira sur un billet le nom de celui des trois qu'il regarde comme le plus digne de la place vacante. Si l'un de ces trois concurrens obtient plus de la moitié des suffrages, il sera regardé comme élu. Mais si aucun des trois n'obtient plus de la moitié des suffrages, on reservera pour un troisième et dernier scrutin, les deux qui en réuniront le plus. Si dans le cas où il y aurait des incertitudes pareilles à celles dont il a été parlé dans l'article précédent, on les leverait de même.

Art.e 59.e

Enfin toute l'académie votera entre les deux sujets reservés pour le dernier scrutin; et celui qui obtiendra la pluralité des voix sera élu. S'il y a partage il sera levé par les 7 anciens comme il a été dit dans l'article 57.e

Art.e 60.e

Il y aura sur une table placée au centre de l'académie une Urne dans laquelle tous les votans iront jetter eux mêmes leurs billets suivant l'ordre qu'ils auront été appellés.

Art.e 61.e

L'ouverture et la vérification des scrutins se feront en présence de toute l'académie, par le Président, le Vice Président, le Secrétaire, le Trésorier et un Académicien nommé au Sort.

Art.e 62.e

On procedera suivant la même forme à l'élection du Vice Président du Trésorier et du Secretaire.

Art.e 63.e

En cas de mort du Secretaire il ne sera remplacé en cette qualité qu'après qu'on aura nommé à la place qu'il aura laissée vacante dans les classes ou dans la section des Académiciens non attachés aux classes. A l'égard du Trésorier, comme les operations relatives à la comptabilité et la suite des affaires de l'académie peuvent exiger une décision prompte, il pourra être procedé sur le champ à sa nomination à moins que l'académie ne prefere d'en faire remplir les fonctions par une Commission nommée à cet effet.

Art.e 64.e

Si un Académicien ayant obtenu plus de la moitié des suffrages n'accepte point la place, on procedera sur le champ à une nouvelle élection.

Art.e 65.e

Si parmi les Académiciens qui ont obtenu le plus de voix au premier scrutin sans qu'aucun d'eux en ait eu plus de la moitié, un ou plusieurs refusent d'accepter, on ira à un nouveau scrutin pour compléter le nombre de trois, et ainsi de suite si cela est nécessaire.

Nomination des Commissaires par le scrutin.

Art.e 66.e

Lorsqu'il sera question de nommer les membres du Comité, ou des Commissaires quelconques au scrutin, chaque électeur écrira sur un billet les noms d'autant d'Académiciens, qu'il y aura de Commissaires à nommer; et ceux qui obtiendront ainsi la pluralité des suffrages seront regardés comme élus. En cas d'égalité de voix entre quelques concurrents on décidera la question par des scrutins particuliers. On observera pour la manière de donner les suffrages et de vérifier les scrutins les formes prescrites par les Articles 60 et 61.

Correspondans.

Art.e 67.e

L'Académie ayant retiré dans tous les tems les plus grands avantages de la correspondance que divers savans étrangers, ont entretenu avec elle, continuera d'encourager cette correspondance; et pour cela, elle s'attachera d'une façon particulière ceux de ces savans sous le titre de Correspondans de l'Académie des Sciences.

Art.e 68.e

Tous les ans dans la dernière séance du mois de Juillet, le Secrétaire lira publiquement à l'Académie 1°. La liste des correspondans afin qu'elle puisse connaître le nombre des places vacantes parmi eux. 2°. La Liste des aspirans à ces places auxquelles on nommera, s'il y a lieu, dans l'avant dernière séance du mois d'aout.

Art.e 69.e

Le nombre des places étant fixé, l'élection des correspondans se fera dans la même forme que celle des Commissaires.

Autre rédaction de l'Art.e 2.e

Pour mener de front les Sciences dont l'Académie s'occupe, elle sera distribuée en huit Classes, toutes composées d'Académiciens résidens : savoir, une pour la Géométrie, une pour l'Astronomie, une pour la Mécanique, une pour la Physique Mathématique, une pour l'anatomie une pour la Chimie, une pour la Botanique et l'agriculture, une pour la Zoologie et la Minéralogie.

www.ingramcontent.com/pod-product-compliance
Ingram Content Group UK Ltd.
Pitfield, Milton Keynes, MK11 3LW, UK
UKHW020325230726
13925UKWH00002B/624